# LA

# BIBLIOTHÈQUE

DU

## GRAND SÉMINAIRE DE NANCY

### Par J. M. A. VACANT

PROFESSEUR AU GRAND SÉMINAIRE DE NANCY

NANCY

IMPRIMERIE BERGER-LEVRAULT ET Cⁱᵉ

18, RUE DES GLACIS, 18

—

1897

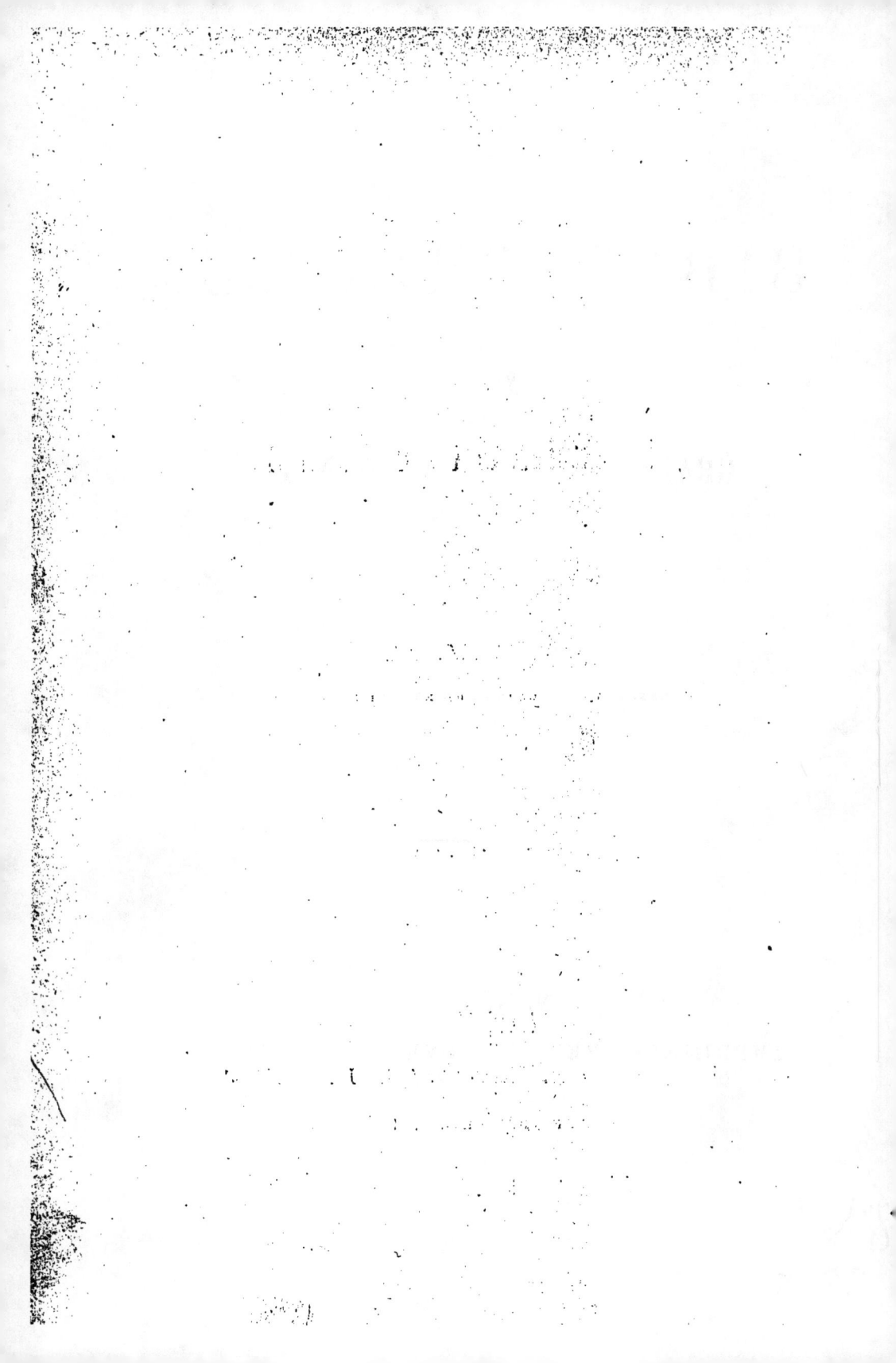

LA

# BIBLIOTHÈQUE DU GRAND SÉMINAIRE

## DE NANCY

————

La bibliothèque du grand Séminaire de Nancy occupe un rang distingué parmi les riches bibliothèques de cette ville, aussi bien que parmi les bibliothèques ecclésiastiques. Cependant les pages très exactes, mais nécessairement restreintes, que M. Thiaucourt lui a accordées dans son étude sur les bibliothèques de Strasbourg et de Nancy[1], sont les seules où elle ait été décrite jusqu'à ce jour. J'espère donc que les notes plus détaillées que je vais consigner ici sur l'histoire et la composition de cette bibliothèque de 48 000 volumes, ne seront point sans intérêt, ni sans utilité.

————

### CHAPITRE Ier

#### HISTOIRE DE LA BIBLIOTHÈQUE

L'histoire de cette bibliothèque est assez complexe. J'avais songé un instant à consacrer des paragraphes distincts aux

---

1. *Les Bibliothèques de Strasbourg et de Nancy*, Nancy, 1893, p. 91-97 ; *Annales de l'Est*, octobre 1892, p. 571-577.

bibliothécaires qui en furent chargés, à ses principaux bienfaiteurs, aux acquisitions qu'elle a faites, aux locaux qu'elle a
successivement occupés ; mais comme ces éléments sont étroi-
tement liés, je ne les séparerai point. Je suivrai simplement
l'ordre des temps. Nous verrons donc ce que la bibliothèque
du Séminaire a été : 1° avant la Révolution ; 2° depuis le rétablissement du Séminaire en 1804 jusqu'au départ de M. Michel
en 1825 ; 3° depuis le départ de M. Michel en 1825 jusqu'au
départ de M. Rohrbacher en 1849 ; 4° depuis le départ de
M. Rohrbacher en 1849 jusqu'au départ de M. Dalbin en 1877 ;
5° du départ de M. Dalbin en 1877 jusqu'à la mort de M. Thiriet en 1890 ; 6° enfin depuis la mort de M. Thiriet en 1890
jusqu'aujourd'hui.

### Art. 1er. — Avant la Révolution.

Le grand Séminaire de Nancy fut établi en 1780, dans la
Maison des Missions royales, qu'il occupe encore aujourd'hui[1].
Nous savons peu de choses de la bibliothèque de ce premier
Séminaire. Les lazaristes, qui le dirigeaient, avaient reçu les
biens de la communauté des jésuites missionnaires, établis par
Stanislas, en 1743, dans la maison des Missions royales. Il y
a donc lieu de penser que la bibliothèque de l'ancien Séminaire de Nancy était la même, que les religieux de cette communauté avaient formée et dont le soin avait été confié à l'un
d'entre eux, le P. Leslie[2]. Quoi qu'il en soit, le Séminaire di-
rigé par les lazaristes ne resta pas longtemps en possession de
sa bibliothèque. Il fut fermé le 1er juin 1791, et remplacé par
un Séminaire constitutionnel, qu'on ouvrit au couvent des

1. Thiriet, *le Séminaire de Nancy jusqu'à la Révolution*, Nancy, 1889.

2. Le P. Leslie (1713-1779) était membre de l'Académie de Stanislas. Nous possédons un volume (Sa, 36) qui porte l'*ex-libris* de la bibliothèque des Missions royales
et qui lui avait été donné par le P. Leslie. Une note inscrite sur ce volume par M. Marchal nous a appris que le P. Leslie était bibliothécaire de la maison des Missions
royales.

Tiercelins[1] et qui hérita[2] des meubles et des livres du Séminaire des lazaristes.

Ce Séminaire constitutionnel fut transféré peu après du couvent des Tiercelins dans l'ancien monastère de la Congrégation[3], puis fermé à son tour en 1793[4].

J'ignore si la bibliothèque qu'il avait reçue resta au couvent des Tiercelins. Il semble plus probable qu'elle suivit les séminaristes dans leur nouvelle résidence. Mais quelques mois plus tard, le 24 janvier 1794, elle fut enlevée pour être réunie aux bibliothèques des anciens couvents et fournir son contingent de livres à la bibliothèque municipale.

Le procès-verbal de l'enlèvement mentionne que les clefs en furent livrées par le citoyen Géhin, professeur du séminaire[5]. On y trouva 1,823 volumes[6]. Elle était donc peu considérable.

### Art. 2. — De 1804 à 1825 : M. Michel.

Après le Concordat, le Séminaire de Nancy fut rétabli dans la maison des Missions royales, et confié à des prêtres diocésains, choisis par l'évêque. La rentrée eut lieu en 1804[7]. Quelques jours avant la réouverture des cours, on rendit au nouveau Séminaire une partie des volumes enlevés en 1794. Trois ans plus tard, en 1807, le bibliothécaire de la ville dé-

1. Actuellement Maison des apprentis, rue des Tiercelins.

2. Archives du département de Meurthe-et-Moselle, L, 459, p. 9.

3. Emplacement de l'hôtel actuel de la Poste, rue de la Constitution. Cette dénomination a remplacé celle de « rue de la Congrégation ».

4. Thiriet, *ibid.*

5. Voici ce que Chatrian dit de lui dans sa *Notice ecclésiastique du diocèse de Nancy pour 1805* (manuscrit du Séminaire, n° 207, p. 268) : « Géhin Nicolas. Prêtre à Toul en 1782. Vicaire d'abord puis curé à Bernécourt. Jureur en 1791. Professeur de théologie au Séminaire constitutionnel. Maire à Nancy, enfermé, relâché.... Sous-préfet à Toul. »

6. Favier, *Coup d'œil sur les bibliothèques des couvents du district de Nancy pendant la Révolution*, Nancy, 1883, p. 28.

7. Les renseignements qui suivent sur le personnel du Séminaire ont été puisés dans les notes manuscrites (ms. n° 160) laissées par M. Thiriet, professeur au grand Séminaire de Nancy, et complétées après sa mort par M. Mangenot. Malheureusement M. Thiriet n'a rien consigné dans ces notes sur la bibliothèque, dont il s'était pourtant beaucoup occupé.

livra en outre au Séminaire, avec l'autorisation du ministre de l'intérieur, 780 volumes de théologie, pris dans le dépôt des livres doubles et inutiles qui provenaient des anciens couvents[1]. C'était bien peu de chose. Heureusement pour nous, le soin de cette bibliothèque naissante fut confié à un homme aussi zélé qu'instruit et avisé, M. l'abbé Michel, professeur (1804-1812), puis supérieur (1812-1825) du Séminaire[2]. Le plus grand nombre des ouvrages enlevés aux couvents avant la Révolution n'étaient point entrés dans la constitution de la bibliothèque de la ville. Cinquante mille de ces volumes étaient entassés dans divers dépôts et en particulier dans les greniers du lycée. En 1807 on puisa parmi ces volumes pour former les bibliothèques de la préfecture, de la cour d'appel, de l'évêché, de la municipalité et des sœurs de la doctrine chrétienne, en même temps qu'on attribuait au séminaire les 780 volumes dont nous venons de parler. Tout le surplus, ou à peu près, fut vendu au poids, d'abord en 1810, puis en 1817[3].

M. Michel comprit le parti qu'on pouvait tirer de cette situation. Il obtint d'aller visiter les combles du lycée, d'y choisir des volumes pour le Séminaire, et d'en emporter à son gré, à condition de fournir au lycée autant de voitures de

1. Favier, *ibid.*, p. 43. — Nous n'avons qu'une partie des comptes du Séminaire pour cette époque (ms. n° 156). Les comptes de 1806 portent 1 081 fr. pour achat de livres; ceux de 1809, 24 fr. pour port et emballage de livres de Lyon, de Metz et autres. Aucun achat de livres n'est ensuite mentionné jusqu'en 1832. Les dépenses de la bibliothèque étaient sans doute fournies alors par la bourse noire du supérieur qui était alimentée par de nombreux dons. Voir ms. n°s 153 et 227.

2. Voir *Vie de M. Michel*, par M. l'abbé Voinier, Nancy, 1861. M. Michel, qui avait été déporté pendant la Révolution, a publié : *Journal de la déportation des ecclésiastiques du département de la Meurthe dans la rade de l'île d'Aix, près Rochefort,* par un de ces déportés, 1re édition in-8°, sans lieu ni date (imprimée à Bruyère, chez la veuve Vivot, 1796); 2e édition in-32, Nancy, 1840. Il a préparé l'édition des ouvrages liturgiques publiés pour le diocèse de Nancy sous les épiscopats de Monseigneur Osmond et de Monseigneur de Forbin-Janson : *Breviarium Nanceiense,* 1821 ; *Diurnale Nanceiense,* 1828 ; *Rubricæ missalis Nanceiensis et Tullensis,* 1830 ; *Missale Nanceiense et Tullense,* 1838. L'autographe du Journal de sa déportation, ses papiers et ses sermons manuscrits sont à la bibliothèque du Séminaire (ms. n° 221). Nous possédons également un catalogue autographe (ms. n° 222) de tous les ouvrages qui composaient sa bibliothèque personnelle.

3. Favier, *ibid*, p. 43-46.

denrées alimentaires, qu'il prendrait de voitures de livres.
« Heureux de ce marché, dit son biographe [1], il allait se pen-
cher sur ces chers délaissés, et, pendant de longues heures, les
débarrassait avec amour des ordures qui les couvraient...
Rien ne rebutait l'amateur : il rassemblait ses collections, les
expédiait par les voitures qui en avaient amené le payement
et sortait content de ces impurs greniers, quelquefois avec des
habits affreusement souillés. S'il avait rencontré plusieurs
exemplaires d'un même ouvrage, il les prenait tous, soit pour
faire une bibliothèque à l'usage des élèves, soit pour les échan-
ger à l'occasion contre d'autres ouvrages. » Ce n'était point
d'ailleurs la seule source où M. Michel puisait à larges mains.
Les épaves dispersées des anciennes bibliothèques de la France
avaient été recueillies par les bouquinistes. On vendait à
Nancy des ouvrages et des manuscrits [2] précieux. M. Michel
allait régulièrement parcourir les étalages [3]. Il achetait en
même temps des livres rares ou d'autres publications à Paris
et en Allemagne [4]. Sa correspondance avec son ancien élève,
l'abbé Ræss, qui venait de fonder le *Katholik* à Mayence et qui
devint plus tard évêque de Strasbourg, nous apprend que ce
dernier était chargé de ses achats [5] sur les bords du Rhin.

Des volumes ainsi réunis, M. Michel fit deux parts : l'une
composée d'ouvrages plus usuels, au nombre de 15 ou 20,000

1. Voinier, *Vie de M. Michel*, p. 270.

2. En plusieurs lieux, on avait tenu si peu de compte de la valeur des manuscrits
des couvents, qu'à Nancy les manuscrits en parchemin avaient été transportés dans
les magasins du district pour servir de gargousses. Favier, *loc. cit.*, p. 14 ; Thiaucourt, *loc. cit.*, p. 57.

3. Souvenirs de M. le chanoine Bazin, actuellement retiré à Bonsecours, et qui a été
élève au Séminaire sous le supériorat de M. Michel. Nous tenons de lui une partie
des renseignements qui suivront sur les locaux occupés par la bibliothèque.

4. Le catalogue de sa bibliothèque personnelle (ms. no 222) en témoigne pour plusieurs manuscrits et plusieurs ouvrages précieux. Voir aussi une lettre du 29 novembre 1841 (ms. no 221) où M. Pardessus demande à M Michel de lui communiquer
des formules de diplômes dont il ne trouve pas d'exemple à la bibliothèque royale de
Paris.

5. Lettre de M. Michel à l'abbé Ræss, 22 décembre 1822 (ms. no 221). Les lettres
de M. Michel à Monseigneur Ræss ont été données à la bibliothèque du grand Séminaire de Nancy en 1895, par M. l'abbé Marin, qui les tenait de M. le chanoine Ræss,
neveu de l'évêque de Strasbourg.

à ce qu'il semble, pour la bibliothèque du grand Séminaire ;
l'autre, formée d'ouvrages plus rares, au nombre de 10,000,
pour former sa bibliothèque personnelle dont la plus grande
partie fut confiée, après sa mort, aux pères dominicains de
Nancy, et aménagée dans une salle de leur couvent qui reste
ouverte au clergé du diocèse.

Ces deux bibliothèques étaient d'ailleurs placées au Séminaire, dans le même local, c'est-à-dire au premier du bâtiment
Saint-Jean, sur la cour[1]. Elles restèrent même réunies quelque
temps après que M. Michel eut quitté le Séminaire. Il se contenta d'emporter les premiers volumes des principaux ouvrages
de sa bibliothèque personnelle. Plus tard il fit transporter
cette bibliothèque dans les bâtiments de la Maîtrise, qu'il venait d'acheter pour la cathédrale ; mais il laissa dans la chambre de M. Rohrbacher, les Bollandistes[2], le recueil des historiens des Gaules de dom Bouquet[3] et quelques autres ouvrages,
que M. Rohrbacher rendit à lui-même ou à ses héritiers.

La distance des temps a fait perdre le souvenir des personnes qui aidèrent M. Michel à fonder la bibliothèque du Séminaire. Nous pouvons néanmoins nommer parmi nos bienfai-

---

1. Nos 5, 6 et 7 actuels. La première chambre près de l'escalier (nº 4) qui sert actuellement de cabinet de lecture et de salle de réunion aux professeurs, était habitée par
le Directeur du Séminaire. La dernière chambre, près de la tribune de l'église Saint-
Pierre, servait déjà et a servi depuis lors de décharge à la sacristie. L'espace qui
s'étend entre ces deux chambres était occupé par la bibliothèque. Les élèves n'y en-
traient point. M. le chanoine Bazin m'a raconté qu'un sacristain, profitant du voisinage
de la décharge de la sacristie, s'introduisait clandestinement à la bibliothèque pour
y lire de mauvais livres. Il ne tarda pas à quitter la soutane. Ce qui causa une peine
très sensible à M. Michel, qui l'aimait beaucoup.

2. Voir dans les papiers de M. Rohrbacher (ms. nº 224) les deux lettres assez vives
échangées entre ces deux vénérables prêtres (7 août 1842). M. Michel accusait M. Rohrbacher d'avoir inscrit la mention : « Grand Séminaire de Nancy » sur le tome I de
ses Bollandistes. M. Rohrbacher proteste que cette mention y était lors de son arrivée
au Séminaire et propose à M. Michel de lui acheter l'ouvrage. Il ajoute : « Je porterai
le volume à l'évêché, avec une demande expresse d'un jugement canonique, pour
savoir si vous avez le droit de me traiter d'imposteur et de faire ainsi le pendant de
M. Joguet. » M. Joguet était un professeur du lycée, avec qui M. Rohrbacher avait eu
des difficultés à l'Académie de Stanislas. Voir abbé Mathieu : L'abbé Rohrbacher, Nancy,
1883, p. 22.

3. Note inscrite au catalogue de la bibliothèque de M. Michel (ms. nº 222), par
l'abbé Marchal.

teurs, l'abbé Dominique Baudot. Il était né à Saint-Mihiel, le 22 janvier 1740, et avait pris l'habit des prémontrés à l'abbaye de Rangéval. Nous le voyons ensuite simple religieux (1769), maître des novices (1770), puis sous-prieur (1776-1778) à l'abbaye de Pont-à-Mousson. Lorsque la Révolution éclata, il était prieur de l'abbaye d'Étival et vicaire général de son ordre. Après la fermeture du couvent d'Étival, sa correspondance nous le montre errant à travers l'Allemagne, logeant dans de pauvres auberges et occupé de trouver des refuges pour ses religieux dans les monastères du pays[1]. Il rentra en Lorraine sous l'Empire et fut curé de Lagney, au diocèse de Nancy, de janvier 1803 à octobre 1816. Il avait désiré finir ses jours chez un de ses paroissiens[2], mais il trouva au Séminaire de Nancy une hospitalité plus conforme à sa vocation. Il y passa six ans et y mourut le 15 octobre 1822[3], laissant à la bibliothèque ses papiers, ses livres, et en particulier de précieux manuscrits sur l'ordre des prémontrés[4]. C'est ainsi que vingt ans après le rétablissement du Séminaire, sa bibliothèque était déjà fort riche en imprimés et en manuscrits.

Cependant M. Michel avait commencé simultanément une œuvre annexe et parallèle, qui s'est perpétuée jusqu'aujourd'hui. Elle consistait soit à donner des ouvrages utiles aux séminaristes[5], soit à leur en faciliter l'acquisition à eux ou aux prêtres du diocèse. Un séminariste vendait ces ouvrages à un prix modique, dans un dépôt nommé la *librairie*. Lorsque le bâtiment Saint-Charles fut terminé, vers 1812, ce dépôt fut établi au premier de ce bâtiment[6]. La direction en fut

1. Bibliothèque du Séminaire, ms. n° 220.
2. Renseignements fournis par M. l'abbé Renauld, curé de Lagney.
3. Charlot, *Nécrologe*, manuscrit du Séminaire, n° 208.
4. Digot, *Éloge historique de Charles-Louis Hugo* dans les mémoires de la *Société royale des sciences, lettres et arts de Nancy*, 1842, p. 162.
5. Ces dons revêtirent des formes diverses. C'étaient souvent des récompenses aux meilleurs élèves. M. Berman reçut de M. Michel un bel exemplaire de Bourdaloue, en témoignage de satisfaction : Poirine, *Vie de M. Berman*, Nancy, 1876, p. 16. D'autres fois, on distribuait des livres à tous les élèves.
6. Dans la première chambre, sur le jardin nommé *Eden*, corridor qui va vers les écoles Saint-Pierre.

confiée à M. Mansuy[1], directeur du Séminaire de Nancy (1815-1823), jusqu'au moment où il alla fonder le grand Séminaire de Verdun.

**Art. 3. — De 1825 à 1849 : M. Ferry, M. Berman, M. Rohrbacher.**

M. Michel quitta le Séminaire de Nancy en 1825, pour devenir curé de la cathédrale. M. Ferry, son successeur dans la charge de supérieur du Séminaire, lui succéda aussi dans le soin de la bibliothèque (1825-1831). Il semble s'être surtout occupé de la *librairie*. « M. Ferry, dit l'abbé Guillaume[2], achetait en quantité les divers ouvrages d'Écriture sainte, de théologie, de controverse, d'histoire, de bonne littérature et de piété, qui doivent être comme le fond principal d'une bibliothèque sacerdotale. » Ces acquisitions considérables lui assuraient, de la part des libraires, de fortes remises dont il faisait bénéficier le clergé. De plus, par suite de relations étendues, il se procurait de nombreuses intentions de messes, dont il payait les honoraires en volumes.

La révolution de 1830 qui éclata pendant le supériorat de M. Ferry, fut très funeste au Séminaire. Les bâtiments furent envahis et pillés dans la nuit du 29 au 30 juillet. Cependant les livres de la bibliothèque furent épargnés. La rentrée définitive dut être retardée jusqu'en avril 1832 et M. Ferry fut obligé de donner sa démission de supérieur et d'accepter la cure de Saint-Nicolas-de-Port.

Le nouveau supérieur, M. Masson, chargea de la bibliothèque M. Berman[3], professeur de théologie morale (1832-1853). Celui-ci ne porta pas son attention sur la bibliothèque principale; mais il développa la *librairie* et y donna tous ses soins jusqu'à son départ du Séminaire en 1853. Il la fit transporter, de la salle où elle se trouvait[4], dans un local plus vaste qui

1. Guillaume, *Notice biographique sur l'abbé Ferry*, Nancy, 1858, p 8.
2. Guillaume, *ibid.*
3. Voir Poirine, *Vie de M. Berman*, Nancy, 1876.
4. Cette salle devint alors et resta longtemps une salle de conférences.

occupait toutes les chambres du *retour*[1] du premier étage de Saint-Charles, vers le jardin de l'*Éden*[2]. Il céda même à la tentation d'en tirer des bénéfices, non pas pour lui sans doute : il était le désintéressement même, mais pour ses autres œuvres. Suivant l'auteur de sa vie[3], cette *librairie* lui procura la plus grande partie des ressources qui lui permirent de fonder la maison de Sainte-Marie des Allemandes[4] et de contribuer à l'établissement de la maison de retraite de Bon-Secours[5]. Cette sorte de commerce suscita des critiques. Il semble qu'elles n'étaient pas dénuées de tout fondement, malgré la droiture des intentions de M. Berman. Aussi la *librairie* fut-elle supprimée, lorsqu'il devint chanoine titulaire en 1853 ; mais tant qu'il resta au Séminaire on ne voulut pas lui en ôter l'administration, ni le priver des ressources qu'il y puisait.

M. Berman était un professeur savant et expérimenté, qui a laissé une théologie morale fort pratique (voir ms. n° 37) ; mais il était absorbé par le ministère extérieur. Il céda donc volontiers la direction de la bibliothèque proprement dite à M. Rohrbacher, lorsque celui-ci fut nommé professeur au Séminaire en 1836.

M. Rohrbacher[6] occupa, de 1836 à 1842, la chaire d'Écriture sainte, puis de 1842 à 1849, la chaire d'histoire ecclésiastique. Il écrivit pendant ce temps sa célèbre *Histoire universelle de l'Église catholique* qui a eu un si grand nombre d'éditions, malgré son ampleur. Il travaillait beaucoup et ne parlait pas

---

1. On appelle ainsi la plus petite des deux ailes du bâtiment Saint-Charles.

2. En 1850 1851, ce local reçut le cabinet de physique et la *librairie* fut transférée au grand corridor du même étage, sur Saint-Pierre, à côté de la chambre de professeur occupée par M. Berman, en face de l'escalier. La *librairie* resta dans cette chambre jusqu'au départ de M. Berman, où elle fut momentanément supprimée.

3. Poirine, *ibid.*, p. 153 et 259.

4 *Ibid.*, p. 134. Cette maison existe encore, rue des Chanoines ; elle a pour but de placer les servantes et de sauvegarder leur vertu.

5. *Ibid.*, p. 153. C'est une maison de retraite pour les prêtres âgés du diocèse de Nancy.

6. Voir l'abbé Mathieu : *l'Abbé Rohrbacher*. Discours de réception à l'Académie de Stanislas, Nancy, 1883. Un grand nombre de lettres de Rohrbacher ont été publiées par l'abbé Roussel, *Lamennais*. Rennes, 1893. Voir aussi ms. n° 224.

de ses travaux. Aussi pourrait-on croire qu'il a fait peu de choses pour la bibliothèque du Séminaire, si l'on s'en tenait aux souvenirs de ses élèves. Cependant il lui a consacré de nombreuses journées.

Nous avons dit qu'au départ de M. Michel, la bibliothèque était installée au premier étage du bâtiment Saint-Jean. Le donjon central de ce bâtiment était alors occupé par deux étages de cellules d'élèves[1]. Les planchers et les cloisons qui séparaient ces cellules, furent démolis. L'intérieur du donjon se trouva ainsi transformé en une vaste et haute salle, éclairée au nord et au midi par deux rangs de fenêtres superposés. On l'entoura de rayons; on établit, à la hauteur des fenêtres supérieures, une galerie légère à laquelle conduit un escalier tournant; on plaça au milieu de la salle, des montants transversaux, dont les deux faces furent également revêtues de rayons. On disposa ainsi d'une surface capable de recevoir de 25 à 30,000 volumes. Tous les livres furent installés dans ce petit palais[2] suivant un ordre méthodique. Ce travail fut fait par M. Rohrbacher, et par lui seul. Les titres inscrits de sa main sur plusieurs ouvrages en témoignent. Nous savons d'ailleurs qu'il ne demandait à personne de l'aider[3]. Les élèves disaient même en riant que M. Rohrbacher ne laissait pas pénétrer ses confrères dans son donjon. C'était une plaisanterie qui visait ce travailleur, ami de la solitude, et non ses confrères; car ces derniers, M. Berman, M. Gridel, M. Chevalier, M. Garot, ont prouvé par leurs ouvrages, imprimés ou manuscrits, qu'ils fréquentaient la bibliothèque. Elle était même ouverte aux étrangers studieux . M. Digot et M. l'abbé Marchal y ont passé de longues heures.

A cette époque aucun crédit fixe n'était affecté à la biblio-

1. Souvenirs de M. le chanoine Bazin qui y a habité.

2. On poursuivit la beauté du coup d'œil, jusqu'à revêtir de guindes ouvragées la face extérieure des planches de chaque rayon. Ce fut au détriment des livres, qui par suite entrent et sortent moins facilement.

3. M. Rohrbacher aimait à occuper ses récréations à des travaux manuels. Il sciait et fendait son bois.

thèque; mais des sommes assez considérables ont été remises à
M. Rohrbacher[1] pour acheter des livres. La théologie positive
avait eu les préférences de M. Michel. Sous la direction de
M. Rohrbacher, les acquisitions portèrent surtout sur les ouvrages historiques et sur les publications en allemand. Les
dons ne manquèrent pas non plus.

Le 18 février 1842, mourait l'abbé Elquin[2], ancien vicaire
de Saint-Epvre. Il avait eu une vie aussi mouvementée que
studieuse. Émigré pendant la Révolution, il avait fait l'édu-
cation des enfants du prince régnant de Lœwenstein-Wer-
theim. Rentré à Nancy en 1802, il fut nommé vicaire de la
paroisse Saint-Epvre. Il exerça sa charité envers les Russes
et les Prussiens alors prisonniers à Nancy. En 1806, l'empe-
reur Alexandre de Russie lui envoya même un anneau de prix,
en témoignage de sa reconnaissance. Il s'occupa jusqu'à sa
mort à catéchiser les enfants et à écrire des ouvrages d'actua-
lité et de vulgarisation[3]. Sa bibliothèque était fort riche. Il
la légua au Séminaire. Son nom est inscrit sur deux ou trois
mille de nos volumes.

M. l'abbé Michel, ancien supérieur du grand Séminaire,
suivit l'abbé Elquin de quelques mois dans la tombe. Il mourut
le 9 octobre 1842. 8,500 volumes de sa bibliothèque person-

1. Voir manuscrit n° 224. On alloua à la bibliothèque 1 000 fr. en 1837, 646 fr. en
1838 et 3 000 fr. en 1841 pour achat de livres. Ms. n° 156. — 700 fr. pris sur l'allocation de 1837 semblent avoir été employés par Rohrbacher à acheter des livres de la
bibliothèque de Lamennais. Voir Roussel, *Lamennais;* Rennes, 1893 ; t. II, p. 266 et 268.

2. L'abbé Elquin (Charles-François-Antoine) était né à Charmes-sur-Moselle, le
12 avril 1763. Il fit son séminaire à Nancy, prit sa licence en théologie le 28 mars
1787, à la faculté de cette ville, et fut ordonné prêtre le 2 juin suivant. Il se fixa sur
la paroisse Saint-Epvre où il fut chargé du soin des pauvres, des enfants et des prisonniers. Il refusa de prêter le serment à la Constitution civile du clergé. Voir sur
lui : Michel, *Biographie de Lorraine*, Nancy, 1829, p. 153 ; Thiriet, *le Séminaire de
Nancy jusqu'à la Révolution*, p. 48 ; Favier, *Coup d'œil sur les bibliothèques des couvents*, p. 46. Voir aussi dans les manuscrits du Séminaire n°s 66, 67, 72 et 235, quelques-
uns de ses papiers, et en outre Charlot, *Notices sur les prêtres lorrains*, article *Elquin;*
Chatrian, *Notice ecclésiastique*, 1805, p. 260 ; *Calendrier historico-ecclésiastique*, 1805,
p. 143, 150, 269, 287, 303, 325, 378.

3. Noël lui attribue sept ouvrages dans son *Catalogue raisonné des collections lor-
raines*, Nancy, 1850. Notre bibliothèque ne possède de lui que *le Saint Évangile de
Jésus-Christ*, par C. F. A. Elquin, Nancy, 1827. C'est un hommage de l'auteur à
M. Rohrbacher.

nelle furent confiés aux dominicains par ses héritiers[1]. Les autres, en particulier les manuscrits et les ouvrages lorrains, furent vendus ou donnés. M. l'abbé Marchal, qui fut chargé de faire le triage de ces livres, en reçut un certain nombre, qui passèrent depuis lors à la bibliothèque du grand Séminaire ou à la bibliothèque de la Société d'archéologie lorraine[2], de la manière que nous expliquerons plus loin.

Les abbés Simonin, neveux et héritiers de M. Michel, ont donné à la bibliothèque du grand Séminaire la *Description de l'Égypte* publiée par Panckouke, 1820-1829, 11 volumes in-folio de gravures et 26 volumes in-8° de texte. Plus tard, ses petits-neveux les abbés Voinier et Simonin nous ont également donné ses autographes (ms. n⁰ˢ 221 et 222). Nous sommes heureux de posséder ce précieux souvenir du fondateur de notre bibliothèque. On sait qu'un buste en marbre blanc lui a été érigé au parloir du Séminaire, en témoignage de la reconnaissance du clergé de Nancy.

### Art. 4. — De 1849 à 1878 : M. Barnage, M. Barbier, M. Dalbin.

Cependant en 1849, M. Rohrbacher était allé s'établir à Paris, au Séminaire du Saint-Esprit, pour surveiller l'impression de la seconde édition de son *Histoire de l'Église*. M. Barnage[3], qui lui succéda dans sa chaire d'histoire ecclésiastique, le remplaça aussi dans les fonctions de bibliothécaire. M. Berman continua à s'occuper de la *librairie*. Comme nous l'avons dit, elle fut supprimée à son départ en 1853, soit à cause des

---

1. Voir Thiaucourt, *les Bibliothèques de Strasbourg et de Nancy*, p. 97.

2. Nous le constatons par notre catalogue (ms. n° 222) détaillé de la bibliothèque de M. Michel, écrit de sa main et annoté par M. Marchal. Les numéros 25, 190 et 240 des manuscrits de la bibliothèque de la Société d'archéologie lorraine viennent de M. Michel. Viennent également de lui notre bréviaire toulois, manuscrit in-12 du treizième siècle (ms. n° 2), et notre projet manuscrit in-folio d'un bréviaire toulois, annoté par l'abbé de l'Aigle (ms. n° 6), qui ont dû nous être donnés par l'abbé Marchal. Le numéro 9 des incunables de la bibliothèque de la ville (bible in-folio imprimée à Strasbourg en 1480) a également appartenu à M. Michel.

3. Voir sur M. Barnage, la *Semaine religieuse de Lorraine* de 1891. Cf. plus loin ms. n° 42.

critiques dont elle avait été l'objet, soit parce qu'elle était devenue l'œuvre personnelle de M. Berman. On ne tarda pas cependant à s'apercevoir qu'elle avait beaucoup d'utilité. Les élèves en demandèrent le rétablissement. On fit droit à leur désir en 1855, et on l'installa au second étage du bâtiment· Saint-Jean (n. 10), sous le nom de *bibliothèque marchande*. Seulement elle resta dès lors un simple dépôt des ouvrages classiques et des bibliothèques de prêtres défunts, que leurs héritiers voulaient vendre à un prix très modique.

M. Barnage avait songé de son côté à rendre l'accès et l'usage des livres de la bibliothèque du Séminaire plus faciles. Il créa une bibliothèque spéciale aux élèves. Elle était composée surtout d'ouvrages doubles ou dépareillés ; elle était cependant assez bien assortie. Le catalogue était aux mains des séminaristes et comptait 1,050 volumes. Elle fut installée, d'abord au second du bâtiment Saint-Jean (n. 10), dans le même local où fut placé, en 1855, la bibliothèque marchande. Les élèves y venaient à la fin des récréations à des jours fixés. En 1865, pour mettre davantage ces deux bibliothèques à la portée des séminaristes, on les transporta, la bibliothèque des élèves au rez-de-chaussée du bâtiment Saint-Georges[1], la bibliothèque marchande au rez-de-chaussée du bâtiment Saint-Charles[2].

L'ancien local de ces bibliothèques (n. 10), qui se trouva libre, devint une annexe de la bibliothèque du donjon qui commençait à regorger de livres[3].

M. Barnage entreprit aussi la confection d'un catalogue général de la bibliothèque par ordre de matières. Comme la tâche était considérable, il se fit aider par les élèves. Il savait qu'on acquiert l'amour des livres et le goût de l'érudition, en maniant les *in-folio* et les volumes rares. Il choisit donc d'a-

1. Petite salle au coin faisant face d'un côté à la cour et de l'autre au cloître. Les élèves ne pénétraient pas dans cette bibliothèque. Ils demandaient les livres dont le catalogue était en leurs mains.

2. Petite salle au coin faisant face d'un côté au grand jardin, de l'autre à la cour intérieure du Séminaire.

3. Il reçut d'abord des doubles, puis en 1890 les livres dangereux.

bord un seul, puis plusieurs séminaristes, qui allaient travailler à la bibliothèque, à leurs moments perdus. Mais on sentit vite le besoin de régulariser cette institution qui subsiste encore. Les bibliothécaires sont maintenant nommés d'office. Ils travaillent ensemble une promenade par semaine à la bibliothèque ; plusieurs ont en outre des attributions particulières dont il sera qustion plus loin.

M. Barnage ayant quitté momentanément le Séminaire, en 1854, pour cause de maladie, M. Barbier, professeur d'Écriture sainte[1], le remplaça à la tête de la bibliothèque. Il poursuivit la confection du catalogue et fit relier les journaux et les périodiques qui étaient entassés sans ordre dans les greniers[2]. En classant ces paperasses, il trouva même des manuscrits et des ouvrages rares. Il fit remettre des couvertures à un grand nombre ; car les reliures primitives de la plupart de nos manuscrits en avaient été arrachées violemment, sans doute à l'époque de la Révolution. Nous devons à M. Barbier l'acquisition des *Acta sanctorum* des Bollandistes, de la patrologie latine de Migne, et de la première série de la patrologie gréco-latine du même éditeur.

Au départ de M. Barbier, en 1865, M. Barnage, qui était devenu professeur de théologie morale, reprit la direction de la bibliothèque. Il la céda vers 1872 à M. Dalbin, professeur de dogmatique générale, puis d'Écriture sainte. M. Dalbin termina, en 1877, la confection du catalogue général par ordre de matières, commencé en 1849. Sa santé l'obligea cette même année à rentrer dans le ministère paroissial[3].

Durant les 28 ans qui s'écoulèrent, depuis le départ de M. Rohrbacher jusqu'à celui de M. Dalbin, les allocations de la bibliothèque apparaissent au budget d'une façon régulière.

---

1. Actuellement curé de Saint-Vincent-Saint-Fiacre, à Nancy. Voir plus loin ms. n° 39.

2. On leur affecta depuis lors un local spécial, au second du bâtiment Saint-Charles (n° 9), à côté de l'ancienne bibliothèque des élèves.

3. Il fut curé de Saint-Léon, à Nancy, de 1879 à 1895. Il est actuellement retiré à Sèvres (Seine).

Elles varièrent de 1850 à 1854 entre 300 et 700 fr. De 1855 à 1863, elles furent de 500 fr. On ne faisait pas entrer dans cette allocation le prix des revues et journaux, qui fut toujours inscrit au budget depuis 1818, pour une somme annuelle de 100 à 261 fr. En 1857[1], 200 fr. étaient consacrés à la reliure et 300 fr. aux ouvrages dont les divers professeurs avaient besoin pour leurs cours. Les ouvrages de fond étaient achetés en dehors de l'allocation annuelle faite à la bibliothèque. En 1864, Mgr Lavigerie réforma l'ancien ordre de choses, relativement à l'administration matérielle de la maison. Le conseil des professeurs cessa complètement d'y participer. En revanche le crédit ouvert pour la bibliothèque fut porté à 600 fr. par an, sans compter une centaine de francs pour deux journaux et deux revues. Malgré cette augmentation de ressources, la bibliothèque perdit à ce changement, non point qu'on ait dépensé antérieurement pour elle une somme plus considérable, mais parce que les intéressés, c'est-à-dire les professeurs, n'étant plus admis à faire aucune observation, on affecta plusieurs fois depuis lors à d'autres usages cette allocation pourtant modique.

Un assez grand nombre d'ecclésiastiques continuèrent à léguer ou à faire donner au Séminaire les ouvrages qu'ils laissaient à leur mort. Citons M. Ferry, ancien supérieur du Séminaire, décédé en 1858, à qui nous devons 12 volumes de la correspondance des abbés de Senones[2]; M. l'abbé Simon[3], curé de Saint-Epvre de Nancy, qui laissa, en 1865, au Séminaire un grand nombre de volumes, en particulier des éditions bénédictines des Pères, pour être donnés en récompenses aux meilleurs élèves; M. l'abbé Noël[4], ancien professeur

1. *Journal de M. Adrian*, supérieur du Séminaire. Manuscrit n° 232 de la bibliothèque, 13 décembre 1857.

2. Ms. n°s 215, 216 et 217. *Journal de M. Adrian*, supérieur du Séminaire, 28 juin 1858. — Voir aussi ms. n° 19.

3. Voir sa notice nécrologique dans la *Semaine religieuse* du 8 janvier 1865, p. 21. Voir aussi ms. n° 228. C'est également de lui que nous vient le manuscrit qui contient l'histoire de l'abbaye de Longeville, près Saint-Avold (n° 174), et le journal de D. Bigot (n° 97).

4. Voir sur M. l'abbé Noël, la *Semaine religieuse de Lorraine*, 1876, p. 132 et 150.

d'histoire ecclésiastique au grand Séminaire de Metz, qui mourut curé de Briey en 1876, et nous légua, entre autres ouvrages, un exemplaire de la patrologie latine de Migne.

Mais le principal bienfaiteur de notre bibliothèque à cette époque fut M. l'abbé Joseph-Auguste Charlot[1], ancien curé de Laneuvelotte et chanoine honoraire de Nancy, décédé le 5 avril 1874. Il était proche parent d'un autre abbé Joseph Charlot, qui avait été curé de Saint-Sébastien de Nancy avant la Révolution, et qui fut curé de la cathédrale de Nancy jusqu'en 1824[2]. Ce dernier fut lui-même l'ami et, à ce qu'il semble, l'héritier de l'abbé Guilbert, qui l'avait précédé à la tête de la cure de Saint-Sébastien et qui mourut chanoine de la cathédrale de Nancy, en 1813. Par suite de ces divers liens, l'abbé Joseph-Auguste Charlot possédait[3] les livres et les papiers qui avaient appartenu à son vénérable parent et à l'abbé Guilbert. Il s'en aida pour composer un nécrologe et des notices biographiques des prêtres de l'ancien diocèse de Toul et du diocèse de Nancy.

Ces richesses ont été données successivement au Séminaire soit par M. l'abbé Joseph-Auguste Charlot, soit par son neveu M. Alexandre Charlot, ancien magistrat.

Indiquons deux volumes manuscrits in-4° (n° 218), contenant la correspondance de l'abbé Guilbert avec Verdet et Grégoire, des documents du temps de la Révolution, recueillis et annotés par le même abbé Guilbert[4], le nécrologe (ms. n°[os] 208 et 209) et les notices (ms. n°[os] 210 et 211) composés par le chanoine Joseph Auguste Charlot, un recueil[5] en 21 volumes des

---

1. Voir sur M. l'abbé Charlot, la *Semaine religieuse* de 1874, p. 299 et 325, et l'abbé Blanc, *Notice nécrologique sur M. l'abbé Joseph-Auguste Charlot*, Nancy, 1874.

2. Voir son *Éloge funèbre*, par l'abbé Adam, Nancy, 1824.

3. Il possédait aussi des reliques, en nombre très considérable, qui ont été données au grand Séminaire de Nancy, par M. l'abbé Vosgien, aujourd'hui supérieur de cette maison, élève et ami de M. Joseph Auguste Charlot.

4. En voir le détail dans une note transmise par nous à la *Semaine religieuse*, juillet 1893, p. 509.

5. Cette précieuse collection a été formée par M. Poirot, curé de la cathédrale de Nancy après M. Michel, et léguée par lui à M. l'abbé Charlot. Voir *Revue de l'Est*, janvier et février 1866, p. 19, dans une notice consacrée à M. Poirot par M. Salmon.

mandements de Toul (1700-1802), de Saint-Dié (1777-1847) et de Nancy (1700-1859), des livres liturgiques anciens et de nombreux ouvrages relatifs à la Lorraine.

Nous devons aussi une mention spéciale au savant abbé Marchal[1], bien connu pour ses études sur le faubourg Saint-Pierre, sur la bataille de Nancy et sur d'autres points de l'histoire locale. Nous avons déjà dit qu'il avait reçu plusieurs volumes précieux des héritiers de M. Michel. Ce n'était là qu'une faible partie de la riche bibliothèque qu'il s'était formée. On sait que les ouvrages sur la Lorraine y dominaient, et qu'elle fut acquise quelques semaines avant sa mort, en 1871, par la Société d'archéologie lorraine. Mais l'abbé Marchal s'était dépouillé auparavant d'un grand nombre d'ouvrages, en faveur de la bibliothèque du Séminaire. Ces ouvrages portent pour la plupart l'inscription : *Ex dono Dni Marchal*. Ce n'étaient pas toutefois de purs dons. Pendant qu'il était curé de la paroisse Saint-Pierre, M. l'abbé Marchal fut locataire du Séminaire[2]. Lorsqu'il quitta sa cure, pour entrer à la collégiale de Bon-Secours, en 1858, l'excellent homme avait amassé moins de rentes que de volumes ; il lui restait même d'assez forts arriérés à solder sur son loyer. Il aurait voulu éteindre sa dette par des dons de livres. Le Séminaire en accepta, en 1859, pour une somme de 500 fr. et même, à ce qu'il semble, de 1,000 fr. L'abbé Marchal invita les professeurs à venir faire chez lui le choix d'autres publications ; pour les y décider, il dressa même un catalogue de celles qu'il offrait. Mais une partie de ces publications étaient déjà à la bibliothèque du Séminaire et les autres parurent devoir être de peu d'utilité. On refusa donc de faire aucun choix ; mais on laissa

---

1. Voir sa notice nécrologique par l'abbé Guillaume, dans la *Semaine religieuse de Lorraine*, 1871, p. 350 ; par E. Meaume, dans le *Journal de la Société d'archéologie lorraine*, 1871, p. 167. L'abbé Marchal a donné lui-même la bibliographie de ses publications, dans le *Journal de la Société d'archéologie lorraine*, 1871, p. 190.

2. Il louait pour 700 fr. une partie de la maison Marin, voisine du grand Séminaire et qui sert aujourd'hui de logement aux élèves de philosophie. Il habitait les appartements du premier, en haut de l'escalier sur le jardin. Ses vicaires habitaient au-dessus de lui.

le digne prêtre apporter lui-même les volumes qu'il voudrait[1].
Il donna surtout des ouvrages protestants imprimés à Strasbourg, des publications liturgiques et des manuscrits intéressant la Lorraine. Nous tenons de lui les manuscrits suivants :
la *Médaille* (n° 103) ou histoire du roi Charles IV, par le président Canon, *Chronique de Lorraine* (n. 95), l'exemplaire du
*Traité historique sur la Maison de Lorraine* (n° 98), complété
par l'abbé Hugo pour une seconde édition, les ordonnances
des ducs de Lorraine au xvie et au xviie siècle (n° 109), en
deux volumes in-folio, et, probablement aussi, un bréviaire
toulois (n° 2) du xiiie siècle, qui provient de la bibliothèque
de M. Michel.

### Art. 5. — De 1877 à 1890 : M. Thiriet.

Lorsque M. Dalbin quitta le Séminaire, à la fin de 1877, le
soin de la bibliothèque fut confié à M. Thiriet, professeur
d'histoire ecclésiastique et de droit canon. Il en resta chargé
jusqu'à sa mort, arrivée le 11 février 1890[2] et s'en occupa avec
zèle. Il entreprit et mena à peu près à terme de nouveaux catalogues par ordre alphabétique sur cahiers[3] et créa une section spéciale pour les ouvrages relatifs à la Lorraine.

En 1885, à la demande de Mgr Turinaz, qui venait d'arriver
à Nancy, la bibliothèque des élèves placée au rez-de-chaussée
de Saint-Georges fut remplacée par trois bibliothèques acces-
sibles à tous et établies dans les salles mêmes de travail. Les

---

1. *Journal de M. Adrian*, supérieur du Séminaire, ms. n° 232, 29 mars 1859.

2. Sur M. Thiriet, voir l'*Espérance* des 12 et 14 février 1890 et la *Semaine religieuse* du 15 février 1890. Outre divers articles qui ont paru dans la *Semaine religieuse*, M. Thiriet a publié à Nancy : *M. l'abbé Malartic*, 1883 ; *l'abbé Mézin*, doyen
de la faculté de théologie de l'Université de Nancy, 1884 ; *l'abbé Gabriel Mollevaut*,
curé de Saint-Vincent-Saint-Fiacre, 1886 ; *le Séminaire de Nancy jusqu'à la Révolution*, 1889 ; *l'abbé Chatrian, sa vie, ses écrits*, 1890. Il a fait autographier plusieurs
fascicules de cantiques, où il se donne le pseudonyme de *Thuber*. Il a laissé de
nombreux cahiers manuscrits contenant des notices sur les professeurs du Séminaire
de Nancy (n° 160) et des notes sur l'histoire des cantiques et des airs populaires
(n° 234).

3. Au lieu de l'ancienne annotation qui ne tient pas compte des formats, il intro-
duisit dans plusieurs sections une annotation qui en tient compte.

fonds disponibles du budget furent consacrés pendant plusieurs années à acheter des ouvrages récents pour ces bibliothèques, qui sont fort bien composées. On acquit néanmoins pour la bibliothèque du donjon quelques ouvrages de fonds indispensables : un Benoît XIV, un Schmalzgrueber, un de Lugo, les *Acta* du concile de Trente édités par Theiner, le recueil des décrets de la congrégation des rites de Gardellini.

La bibliothèque trouva alors un nouveau bienfaiteur en M. l'abbé Le Bègue de Girmont, ancien curé de Saint-Nicolas-de-Port[1]. Son grand-oncle, l'abbé Laurent Chatrian[2], curé de Saint-Clément à la fin du XVIIIe siècle, député à la Constituante, émigré, puis prêtre habitué à Lunéville, lui avait laissé plus de cent volumes manuscrits, rédigés ou copiés de sa main. Les plus intéressants sont, d'une part, un journal ecclésiastique anecdotique en 72 volumes in-12, commencé en 1764 et interrompu en 1812, et, d'autre part, une série de 17 pouillés des diocèses de Toul, Nancy, Saint-Dié et Metz, pour des années échelonnées entre 1772 et 1813. Cette collection contient une mine abondante et unique en son espèce, pour l'histoire ecclésiastique de notre pays, avant, pendant et après la Révolution. Le digne abbé de Girmont crut qu'elle ne pourrait être mieux placée qu'au grand Séminaire de Nancy.

M. Bridey[3], supérieur du grand Séminaire, n'oublia point non plus la maison où il s'était si longtemps dévoué à la formation du clergé. Il lui donna sa bibliothèque, riche surtout en ouvrages ascétiques. Elle contenait aussi quelques manus-

1. Décédé aumônier de la Visitation de Nancy, le 27 septembre 1883. Voir sa notice nécrologique dans la *Semaine religieuse de Lorraine*, 1883, p. 771 et 789.

2. Voir Thiriet, *l'Abbé Chatrian*, sa vie et ses écrits, où l'on trouvera la bibliographie détaillée de ses œuvres manuscrites. Elles se trouvent à peu près toutes au Séminaire (ms. n[os] 20, 25, 29, 30, 32, 33, 73-91, 117, 119-122, 175 et 184-207). Elles y sont venues de chez l'abbé de Girmont, ou de chez les abbés Charlot et Guillaume, à qui l'abbé de Girmont en avait prêté plusieurs volumes. Un volume (pouillé in-4° de 1805, n° 207) nous a été donné par la veuve de M. Louis Lallement, avocat, en souvenir et conformément aux intentions de son mari. Ce dernier l'avait acheté sur la place du Marché, à Nancy.

3. Voir Chevallier, *Louis Bridey*, Nancy, 1890, notice nécrologique extraite de la *Semaine religieuse*.

crits précieux pour l'histoire du Séminaire, comme le *Journal* (n° 232) tenu par un des prédécesseurs de M. Bridey, M. Adrian[1].

Mais ce ne fut pas M. Thiriet qui en fit le triage; car lorsque M. Bridey mourut, le 18 décembre 1889, le dévoué bibliothécaire était déjà sur son lit d'agonie. Il s'éteignit deux mois plus tard, le 11 février 1890. Conformément à ses intentions, sa bibliothèque vint enrichir, à son tour, celle du Séminaire. Elle était composée principalement de biographies contemporaines, d'ouvrages sur l'histoire de Lorraine. Elle comprenait en outre une collection remarquable de morceaux de chants anciens et modernes et de publications sur l'histoire de la musique.

### Art. 6. — Depuis 1890. Organisation actuelle.

Au mois de mars 1890, je remplaçai M. Thiriet, dans le soin de la bibliothèque. Les circonstances demandaient qu'on l'aggrandît incessamment. L'espace manquait depuis longtemps déjà dans le local du donjon, et les 4 ou 5,000 volumes donnés par M. Bridey et par M. Thiriet attendaient une place. L'architecte du Séminaire aménagea très habilement, pour les recevoir, une partie du grenier[2] qui s'étend au troisième étage du bâtiment Saint-Jean, entre le donjon et l'ancienne église Saint-Pierre. J'aurais voulu qu'on transformât ce grenier tout entier en une vaste salle qui aurait pu recevoir 30,000 volumes; mais je n'obtins pas gain de cause. On se contenta d'utiliser le tiers à peu près de l'espace dont on disposait. Le nouveau local contient 11,000 volumes; mais il fut vite rempli et, après moins de six ans, nous sommes de nouveau réduits à placer deux rangs de livres sur un même rayon.

En même temps que le nouveau local se remplissait d'ouvrages, le n° 10 du bâtiment Saint-Jean, où l'on plaçait les

---

1. Professeur de morale au Séminaire (1853-1855), puis supérieur (1855-1864). Mourut curé de Saint-Sébastien de Nancy, le 21 mars 1874.

2. On affecta à cette dépense des crédits ouverts précédemment pour la bibliothèque et qui n'avaient pas été employés.

doubles depuis qu'il avait cessé de servir à la bibliothèque marchande, fut destiné à recevoir les livres dangereux pour la doctrine ou les mœurs. On y plaça en outre toute la section de musique et toute la section de littérature ; car ces sections sont moins consultées au séminaire que les autres, et elles renferment beaucoup de publications légères ou dangereuses. Lorsque le moment sera venu, la section des sciences naturelles et physiologiques sera aussi placée dans cette pièce, qui a pris le nom d'*enfer*.

Malgré les espaces laissés en blanc par les premiers rédacteurs, les catalogues en cahiers ne présentaient plus assez de place pour l'inscription de nos nouvelles acquisitions. C'est pourquoi il fallut songer à un catalogue général sur fiches. On y travaille avec ardeur depuis 1890. Il est terminé pour l'Écriture sainte, la théologie, l'histoire, la Lorraine, la liturgie, la littérature et la musique, c'est-à-dire pour les deux tiers de la bibliothèque.

Comme ces divers travaux exigeaient beaucoup de main-d'œuvre, le nombre des élèves bibliothécaires fut élevé de 5 à 12 . Enfin la détérioration des livres placés dans les salles de travail en 1885, amena la création de la corporation des élèves relieurs, formée d'une dizaine de séminaristes, et soumise aux mêmes règlements que la corporation des élèves bibliothécaires.

Une autre institution vit le jour la même année 1890. Je veux parler de la bibliothèque contemporaine du clergé, qui reçut, en 1891, la dénomination de bibliothèque Gorini.

La bibliothèque Gorini est une bibliothèque circulante. Elle met en circulation parmi le clergé, des revues et des livres, qui restent la propriété du grand Séminaire, mais sont à la disposition des prêtres et des séminaristes du diocèse de Nancy. Elle fonctionne depuis le 1ᵉʳ janvier 1891, avec une avance constante de 5 à 600 fr. Elle possède un cabinet de lecture[1],

---

1. Rez-de-chaussée du bâtiment Saint-Jean, près de l'église Saint-Pierre, sur la rue.

où sont déposés des ouvrages actuels et où toutes ses revues demeurent pendant les premiers jours qui suivent leur apparition.

A mesure qu'elle s'est enrichie, on y a annexé de nouveaux dépôts[1] pour les revues anciennes. Deux élèves s'occupent chaque semaine des expéditions. Au mois de décembre, dix autres séminaristes les aident à composer, à transcrire et à envoyer les listes d'abonnements de l'année suivante.

Les prêtres du diocèse de Nancy et ceux des diocèses de Saint-Dié et de Verdun peuvent s'abonner à ses revues, moyennant une modique cotisation calculée d'après le prix de chaque revue. Le nombre des prêtres abonnés a varié de 134 à 169[2]. Il est actuellement de 161. Chacun de ces prêtres demande en moyenne 3 ou 4 revues, de sorte qu'ils ont pris 556 abonnements pour 1896. Le nombre des revues circulantes est de 34 en 43 exemplaires. Les dépenses d'achat et d'expédition de ces revues sont annuellement de 5 à 600 fr.; les cotisations des prêtres abonnés y suffisent.

Pour se procurer des ouvrages, l'œuvre n'a d'autres ressources que les dons qui lui sont faits spontanément. Ils ne lui ont pas manqué jusqu'ici. Elle a reçu depuis ses origines, c'est-à-dire en six ans, 1,700 fr., 10,000 livraisons de péririodiques, 200 brochures et 700 volumes relatifs principalement aux questions actuelles ou aux matières étudiées chaque année dans les conférences ecclésiastiques[3]. Ces volumes, ces

1. L'un à côté du cabinet de lecture ; l'autre au bâtiment Saint-Georges, rez-de-chaussée, dans l'ancien local de la bibliothèque des élèves.

2. Voici par années le nombre d'abonnés et le nombre de leurs abonnements : En 1891, 134 abonnés, 346 abonnements ; — en 1892, 152 abonnés, 550 abonnements ; — en 1893, 169 abonnés, 565 abonnements ; — en 1894, 160 abonnés, 550 abonnements ; — en 1895, 155 abonnés, 500 abonnements ; — en 1896, 161 abonnés, 556 abonnements.

3. Madame la marquise d'Eyragues a donné chaque année pour 400 ou 500 francs d'ouvrages neufs à la bibliothèque Gorini. Ces dons et ceux des autres bienfaiteurs de l'œuvre ont été publiés par la Semaine religieuse et par l'Espérance de Nancy. Outre les œuvres de Paul Allard, Hergenrœther, Janssen, Lenormant, Le Play, Claudio Jannet, Franzelin, Mazzella, Rosset, Palmieri, Hurter, Carrière, Cornely, Meignan, la bibliothèque Gorini a reçu tous les ouvrages récents relatifs à l'administra-

périodiques reçus par dons, aussi bien que les revues qui ont fini leur circulation, sont prêtés gratuitement à tous les ecclésiastiques du diocèse de Nancy. Nous n'avons aucune organisation pour l'expédition des volumes, en raison du prix élevé du port par colis.

L'utilité de la bibliothèque Gorini pour les prêtres dispersés dans les paroisses de campagne n'a pas besoin d'être démontrée, surtout lorsqu'on sait que la bienveillance de l'administration laisse à la disposition du clergé par cet organe, les 48,000 volumes de la bibliothèque du Séminaire de Nancy. Mais cette institution assure aussi des avantages au Séminaire où elle est installée. Son cabinet de lecture offre aux professeurs du Séminaire un moyen de plus pour suivre le mouvement intellectuel dans l'ordre religieux. Les livres achetés pour aider les curés et les vicaires à composer les conférences ecclésiastiques, peuvent ensuite servir aux séminaristes; car le programme des conférences est conforme à celui des études du Séminaire. Enfin les autres ouvrages offerts à la bibliothèque Gorini, les revues qui lui viennent par dons ou par abonnements réguliers formeront à la longue des dépôts considérables, qui seront des annexes de la bibliothèque du grand Séminaire.

Cependant la bibliothèque propre du Séminaire s'est enrichie, elle aussi, par dons, par échanges ou par achats, pendant les six dernières années. Les principales acquisitions qu'elle a faites sont les 103 volumes du dictionnaire italien de l'érudition de Moroni, la *Roma sotteranea* et les *Inscriptiones latinæ* de de Rossi, les œuvres complètes d'Albert le Grand et de Jean de Saint Thomas, la collection (en voie de publication) des décrets de la congrégation du concile de Trente de Muhlbauer, l'édi-

tion temporelle des paroisses, la *Description de la Palestine* de Guérin, l'*Histoire des conciles* de Héfélé, le *Journal du Palais*, recueil complet de jurisprudence française de 1791 à 1848, 3e édition en 54 volumes in-8o (le tome II de 1838 manque), 21 volumes in-4o de pièces originales et rares (arrêts, mandements, consultations, pamphlets) relatives à l'histoire ecclésiastique de la fin du xviie siècle et du commencement du xviiie, etc.

tion critique du *Corpus juris canonici* de Friedberg, 41 volumes de la seconde section de la patrologie gréco-latine de Migne, dont il nous manque encore 16 volumes, un livre d'heures manuscrit (n° 5) à miniatures, une histoire manuscrite (n° 183) de la paroisse Saint-Vincent-Saint-Fiacre (fin du xviii° siècle), les manuscrits (n° 218) de l'abbé Guilbert et son recueil de pièces sur la Révolution. Il faut ajouter à ces acquisitions six mille volumes divers donnés soit par M. l'abbé Bridey et par M. l'abbé Thiriet, comme nous l'avons déjà dit, soit par les héritiers de M. l'abbé Chevallier, professeur de dogme au grand Séminaire, décédé le 11 août 1891[1], de M. l'abbé Picard, économe du grand Séminaire, décédé le 19 avril 1895[2], enfin de M. l'abbé Auguste Wagner, chanoine titulaire de Nancy, décédé le 12 décembre 1895[3].

Après tous les développements dont nous venons d'esquisser l'histoire, la bibliothèque du grand Séminaire de Nancy se trouve composée de quatre sections d'inégale importance : la bibliothèque des professeurs, la bibliothèque des élèves, la bibliothèque Gorini ou du clergé et la bibliothèque marchande.

La bibliothèque des professeurs est répartie en cinq salles, toutes placées au bâtiment Saint-Jean. Ces salles sont : 1° la bibliothèque du donjon (3° étage au centre), qui contient 27,500 volumes ; 2° la bibliothèque du grenier (3° étage, grenier de l'aile qui touche à l'ancienne église Saint-Pierre), qui contient 11,200 volumes ; 3° l'enfer (2° étage, n° 10) qui contient 6,300 volumes ; 4° la bibliothèque des journaux (2° étage, n° 9), qui contient 3 ou 400 volumes de journaux et de périodiques reliés ; 5° le cabinet de lecture (1er étage, près de l'escalier, n° 4), où sont déposés 150 volumes d'autres revues reliées, les journaux et les périodiques récents.

La bibliothèque des élèves est placée dans leurs trois salles

---

1. Voir la *Semaine religieuse* du 22 août 1891, p. 670.
2. Voir la *Semaine religieuse* du 4 mai 1895, p. 347.
3. Voir la *Semaine religieuse* du 14 décembre 1895 et l'*Espérance* du 14 et du 15 décembre 1895.

de travail. La première salle (rez-de-chaussée du bâtiment Saint-Georges, près du grand jardin) contient 1,412 volumes. La seconde salle (rez-de-chaussée du bâtiment Saint-Charles, près de l'escalier, entre le jardin dit *Éden* et la cour intérieure) contient 969 volumes. La troisième salle (premier étage de l'aile de la maison Marin, qui s'avance vers le jardin du côté du grand Séminaire) contient 429 volumes. La bibliothèque des élèves est donc composée de 2,810 volumes. On transporte en outre dans les salles de travail, à chaque semestre, les volumes de la bibliothèque des professeurs, qui traitent les questions étudiées ou qui sont demandées par les séminaristes.

La bibliothèque Gorini ou du clergé a son cabinet de lecture ouvert à tous les ecclésiastiques, au rez-de-chaussée du bâtiment Saint-Jean. On y trouve toutes les revues circulantes, pendant les premiers jours qui suivent leur apparition, ainsi que les ouvrages les plus usuels de la bibliothèque Gorini, au nombre d'environ 200. Cette bibliothèque possède deux annexes : l'une (à côté de son cabinet de lecture), où l'on dépose les livraisons revenues dans l'année ; l'autre (au rez-de-chaussée du bâtiment Saint-Georges, dans le local de l'ancienne bibliothèque des élèves), où sont groupées 10 à 12,000 livraisons périodiques, en fascicules ou en volumes. En raison de l'insuffisance de ces locaux, les autres ouvrages de la bibliothèque Gorini ont été marqués de son timbre et placés avec les livres de la bibliothèque des professeurs, chacun dans la section qui lui convient.

La bibliothèque marchande est située au rez-de-chaussée du bâtiment Saint-Charles. Elle sert de dépôt aux livres classiques ou aux bibliothèques qu'on désire vendre aux élèves à prix très réduit.

Le soin de ces diverses bibliothèques est confié à douze séminaristes bibliothécaires. Ils y emploient ordinairement le temps de la promenade du jeudi. Outre leurs travaux en commun, ils sont chargés spécialement le plus ancien [1], de la

---

1. Le dernier élève qui ait été chargé de la *librairie* de M. Berman est M. Lorrain,

bibliothèque marchande; trois, des bibliothèques des salles;
deux, de la bibliothèque Gorini[1]. Ces derniers sont choisis
parmi les élèves qui passent leurs vacances à Nancy. Dix séminaristes relieurs[2] sont chargés de la reliure et de l'entretien
matériel des livres, revues et journaux des diverses bibliothèques. Ils consacrent aussi à ce travail le temps de la promenade
du jeudi. Leur atelier, placé au second étage du bâtiment Saint-
Jean (à droite en montant l'escalier qui mène aux bibliothèques
du donjon et du grenier), possède l'outillage nécessaire pour
coudre, relier et imprimer des titres. A la fin de chaque année,
une distribution d'ouvrages est faite habituellement aux séminaristes bibliothécaires ou relieurs. Ils organisent eux-
mêmes une véritable chasse aux doubles, à travers les diverses
bibliothèques, et ils demandent au professeur bibliothécaire,
par rang d'ancienneté, les volumes sur lesquels ils ont fixé
leur choix.

Les ressources de la bibliothèque Gorini viennent, comme
nous l'avons dit, d'abonnements et de dons. Les ressources or-
dinaires de la bibliothèque des professeurs et de la bibliothèque
des élèves consistent en une allocation annuelle de 600 fr. et
en un abonnement à un journal de Paris, à un journal de
Nancy, aux *Études religieuses* et au *Correspondant*. Sur l'allocation annuelle de 600 fr., 100 fr. sont employés par M. le
supérieur à l'acquisition des volumes lus en public aux élèves,

actuellement doyen du chapitre de la cathédrale de Nancy. Depuis que M. Barnage
eut créé la charge de bibliothécaire, les chefs bibliothécaires chargés, à partir de
1855, de la bibliothèque marchande, ont été, en prenant l'année à janvier: MM. Petit-
colas (1851-1853), Grandjacquot (1854), Helluy (1855), Groffin (1856 et 1857), Kools
(1858), Thiriet (1859), Lux (1860), Prégaldin (1861), Dalbin (1862), Finance (1863 et
1864), Fruminet (1865), Heller (1866), Masson (1867), Louis (1868), Boulanger (1869),
Gabriel (1870), Barthélemy (1871), Villaume (1872), Grandjean (1873), Berga (1874),
Clément (1875), Thiéry (1876), Staemmel (1877), Renauld (1878), Gerber (1879 et 1880),
Cézard (1881), Brunner (1882), Beugnet (1883), Royer (1884), Bailly (1885), Boileau
(1886), Petitjean (1887), Rélot (1888), Godard et Grandclaude (1889), Xilliez (1890),
Portusot (1891), Lœvenbruck (1892), Marsal (1893), Breton (1894), Godefroy et Ditte
(1895), Ruch (1896), Leclaire (1897).

1. Les élèves chargés en chef de la bibliothèque Gorini ont été MM. Lœvenbruck
Léon (1891), Tincelin Joseph (1892 et 1894), Niedergang (1893, 1895 et 1896).

2. Les chefs relieurs ont été MM. Gridel (1891 et 1892), Sauffroy (1893 et 1894),
Olry (1895 et 1896).

60 fr. sont dépensés en divers abonnements, 80 à 100 fr. pour solde des collections en voie de publication, comme celle des Bollandistes, 50 fr. pour frais de reliure et d'entretien. Il reste donc environ 300 fr. pour acquisition d'ouvrages. Le choix des ouvrages nouveaux à acheter doit se faire chaque année en conseil des professeurs.

# CHAPITRE II

## COMPOSITION DE LA BIBLIOTHÈQUE

Il m'est impossible de faire connaître en détail la composition de notre bibliothèque. Je m'abstiendrai même d'en donner une vue d'ensemble, qui répondrait nécessairement à mes préoccupations personnelles. Je me bornerai à indiquer : 1° la distribution générale de cette bibliothèque et les ouvrages les plus considérables de chaque section ; 2° les plus anciens incunables ; 3° les manuscrits d'une certaine importance.

### Art. 1er. — Distribution générale et principaux ouvrages.

Les 48,000 volumes de notre bibliothèque sont partagés en 18 sections [1]. Voici les titres de ces sections, avec le nombre de volumes de chacune : 1° polygraphie : 1,760 volumes ; 2° Écriture sainte : 3,350 volumes ; 3° patrologie : 1,400 volumes ; 4° histoire ecclésiastique : 4,500 volumes ; 5° théologie : 6,800 volumes, en comptant 900 brochures ; 6° mystique et hagiographie : 4,460 volumes ; 7° droit canonique et civil : 2,280 volumes : 8° sermonnaires : 2,670 volumes ; 9° catéchisme :

---

1. La répartition entre les sections ne s'est pas toujours faite d'après les mêmes principes ; des ouvrages fort voisins par leur objet se trouvent donc parfois dans des sections différentes ; mais l'inconvénient qui en résulte est peu considérable, surtout lorsqu'on se sert du catalogue général sur fiches, pour faire ses recherches.

470 volumes ; 10° liturgie : 1,060 volumes ; 11° histoire profane : 7,200 volumes ; 12° Lorraine : 2,550 volumes, en comptant 1,000 brochures ; 13° géographie et voyages : 1,000 volumes ; 14° philosophie : 2,120 volumes ; 15° sciences : 1,300 volumes ; 16° littérature : 3,200 volumes ; 17° musique : 650 volumes ; 18° périodiques : 500 volumes reliés et 7 ou 8,000 livraisons non reliées. Si, aux chiffres que nous venons d'indiquer, on ajoute 1,260 volumes non classés, on arrive au total de 48,000 volumes, sans compter les périodiques.

Voici maintenant quels sont les principaux ouvrages de chaque section.

La section de polygraphie renferme des dictionnaires, des encyclopédies et des ouvrages sur les arts.

La section d'Écriture sainte renferme deux exemplaires de chacune des bibles polyglottes de Le Jay, 1645, et de Walton, 1657, et des commentaires anciens et modernes des divers livres de la Bible.

La section de patrologie se compose des éditions des Pères du xviie et du xviiie siècle, de deux exemplaires de la patrologie latine de Migne, d'un exemplaire encore incomplet de la patrologie gréco-latine du même éditeur et de l'édition critique des Pères apostoliques de Funk[1].

Signalons, dans la section d'histoire ecclésiastique, Baronius (avec les notes de Pagi et de Mansi, 1738), Tillemont, Noël Alexandre (édition Roncaglia et Mansi, 1785), Hergenrœther et à peu près tous les auteurs qui ont écrit des histoires de l'Église en latin ou en français, Orsi, Gams, le *Gallia christiana*, avec la continuation ; les *Annales ecclesiastici Francorum* de Le Cointe ; la bibliothèque orientale d'Assemani ; l'*Oriens christianus* de Lequien (1740), la *Batavia sacra* (1714), le *Suevia ecclesiastica* de Petro (1699), la *Thuringia sacra* (1737), la *Sicilia sacra* de dom Roecho Pyrrho (1644), l'*Italia sacra* d'Ughelli (1717), la *Germania sacra* d'Hansizius (1725),

---

1. La Bibliothèque de la ville de Nancy a l'édition des Pères latins publiée par l'Académie de Vienne.

le *Thesaurus anecdotorum* de Pez (1723), le *Thesaurus monumentorum ecclesiasticorum* de Canisius (édité par Basnage, 1725), les annales des Bénédictins, de Mabillon (1703), et des Prémontrés, de Hugo (1734)[1], les *Inscriptiones christianæ urbis Romæ* et le *Roma sotteranea* de de Rossi. L'histoire littéraire des auteurs ecclésiastiques n'est guère représentée que par Trithème, Bellarmin, Cave, Lelong, Dupin, Dom Ceillier et l'*Histoire littéraire de la France*[2].

La section de théologie est naturellement assez riche[3]. On y voit Pierre Lombard, Saint Thomas d'Aquin, Albert le Grand, Saint Bonaventure, Duns Scot, Saint Antonin, Cajetan, Silvestre de Ferrare, Bellarmin, Henriquez, Suarez, Vasquez, Lessius, Sylvius, de Lugo, Ripalda, les théologiens de Salamanque, ceux de Wurtzbourg, Jean de Saint Thomas, Petau, Thomassin, Billuart, Tournely, tous les cours importants et les principaux apologistes du XVIIIe et du XIXe siècle. La théologie protestante est représentée[4] par Luther, Calvin, Chemnitz, Grotius et un grand nombre de traités et de thèses qui viennent pour la plupart de Strasbourg.

On trouve dans la case d'hagiographie et d'ascétisme les *Acta sanctorum* des Bollandistes[5], les *Acta sanctorum ordinis sancti Benedicti* (éditions de 1668 et de 1734) de Mabillon, de

1. La Bibliothèque de la ville de Nancy possède les *Annales minorum* de Fonseca.

2. La section de l'histoire littéraire des auteurs ecclésiastiques est mieux représentée à la Bibliothèque de la ville de Nancy. On y trouve tous les ouvrages de Fabricius, Oudin ; et, pour les bénédictins, Ziegelbauer, Armelini, François, Tassin, Robert ; pour les dominicains, Quétif et Échard ; pour les carmes, de Villiers ; pour les jésuites, Ribadenoira et Sommervogel ; pour les mineurs, Denys de Gênes ; pour les cisterciens, Henriquez. — La *Bibliotheca minorum* de Wadding est à la bibliothèque Michel, au couvent des dominicains.

3. Alexandre de Halés, Alain de Lille, Richard de Middletown, Capreolus, de Orbellis, Molina, de Rhodes, de Lemos, Salazar, Sfondrate, Raynaud, Maldonat (*Opera theologica*), Boyvin, que nous ne possédons pas, sont à la Bibliothèque de la ville. Notre édition d'Albert le Grand est celle de Vivés, en cours de publication, l'édition de la Bibliothèque de la ville est celle de Jammy (1650); notre édition de Duns-Scot (1620) est très défectueuse ; la Bibliothèque de la ville possède l'édition de Wadding (1639) en 12 vol. in-folio.

4. La Bibliothèque de la Ville a souscrit au *Corpus Reformatorum*.

5. Nous n'avons pas les *Analecta Bollandiana*; la Bibliothèque de la ville y est abonnée.

nombreuses vies de saints et de personnages édifiants, la plupart des grands mystiques, plusieurs cours d'ascétisme, divers commentaires de la règle de Saint-Benoit, une foule de règles monastiques, des traités spéciaux de toutes sortes et une collection d'éditions de l'*Imitation de Jésus-Christ*.

La section de droit canon et de droit civil renferme des collections qui ne sont pas moins précieuses pour les théologiens et les historiens que pour les canonistes ou les juristes. Citons l'édition du *Corpus juris canonici* de Friedberg, la *Collectio judiciorum* de Du Plessis d'Argentré, les bibliothèques orientales d'Herbelot et d'Assemani, diverses collections de conciles[1] : celle de Sirmond pour les Gaules, celle de Wilkins pour l'Angleterre, celle d'Aguirre pour l'Espagne, celles de Cossart, Hardouin, Labbe et Mansi pour l'Église universelle; les documents de Massarello, de du Plat et de Hugo sur le concile de Trente; l'histoire des conciles d'Héfélé; — divers bullaires[2] : le bullaire général de Cherubini et Barberi, le bullaire de Clément XI, celui de Benoît XIV, la collection des brefs de Pie VI; — diverses collections des décrets des congrégations romaines : Muhlbauer pour la congrégation du concile, Gardellini pour la congrégation des rites, Bizzarri pour la congrégation des évêques et réguliers, Falize pour la congrégation des indulgences; les *Analecta Juris Pontificii* de Chaillot jusqu'à leur disparition en 1889, les *Acta sanctæ Sedis* depuis cette date, la collection des procès-verbaux des assemblées générales du clergé de France de 1560 à 1782. Citons encore dans l'ordre civil les *Capitularia Regum francorum* de Baluze, de nombreux recueils de lois et ordonnances; le *Bulletin des lois* de 1789 à 1866; le *Recueil des lois et ordonnances* de 1789 à 1861; le *Journal du palais* (publié par Ledru-Rollin) de 1791 à 1848; divers recueils destinés aux notaires et aux juges de paix. La

1. Nous n'avons pas la *Collectio lacensis* des conciles postérieurs à celui de Trente. Elle se trouve à la Bibliothèque de la ville.

2. Nous ne possédons pas les *Regesta* de Jaffé et Potthast, ni les autres publiés dans ces dernières années suivant la même méthode. Jaffé est à la bibliothèque de la Faculté des lettres; Potthast est à la bibliothèque de la ville.

même section contient de nombreux traités de droit canon : Tedeschi, Covarrievias, Fagnan, Barbosa, Pirhing, Gonzalez, Schmalzgrueber, Benoît XIV, Ferrari, Phillips, Bouix, Grand-claude, etc. ; des commentateurs du droit romain, des commentateurs des codes Napoléon : Chabot de l'Allier, Delvincourt, Sirey, Merlin, Picot, Toullier, Pothier, Troplong, Demolombe, Allègre, etc.

Les cases des sermonnaires et du catéchisme sont à peu près complètes, du moins pour ce qui regarde la France. On y trouve les auteurs vieillis, les maîtres classiques de la chaire et les recueils contemporains de quelque valeur.

La section de liturgie contient des traités généraux, comme ceux de Durand de Mende, de Biel, de Bona, de Lebrun, de Martène, de Gavantus, de Catalan, de D. Guéranger, les recueils des rites orientaux de Goar, Renaudot, Denzinger, les recueils de rites anciens de Mabillon, d'Azevedo, des recueils liturgiques de sectes hétérodoxes, en particulier de la secte de Michel Vintras[1]. Signalons encore des cérémoniaux particuliers à l'abbaye de Remiremont, à l'abbaye d'Étival, à la primatiale de Nancy, et les livres liturgiques suivants de l'ancien diocèse de Toul : missel, 1507-1508 (le canon est sur parchemin, le reste sur papier)[2], 1551, 1630, 1686, 1718, 1750 ; *Missæ defunctorum*, 1692 ; bréviaire, XIIIe siècle, manuscrit n° 2, 1511 (peut-être unique), 1595, 1628, 1684, 1695, 1748 ; diurnal, 1684, 1759 ; *Manuale seu Officiarium sacerdotum*, 1559 ; antiphonaire, 1753 ; cérémonial, 1700 ; graduel, 1752 ; processionnal, 1756, 1780 ; psautier, 1753 ; rituel, 1616, 1652, 1760, 1787 ; les manuels pour les paroisses, 1525 (voir manuscrit n° 213) ; statuts synodaux, 1515, 1678. Signalons encore des rituels de Metz, 1604, 1662, 1713 et de Verdun, 1691, 1787 (voir les manuscrits nos 145 et 146).

---

1. Donnés par M. Grand'Eury, curé de Saint-Sébastien. Il les tenait des frères Baillard qui essayèrent d'établir cette secte à Saxon-Sion, vers 1850. Voir ms. n° 226.

2. A appartenu à la paroisse d'Haillainville. Les anciennes fondations de cette paroisse y sont inscrites à la fin du volume (ms. n° 212).

Nous n'indiquerons dans la case d'histoire profane que nos principaux recueils de sources : la *Description de l'Égypte,* de Pankouke (1820-1829), les *Fundgruben des Orients* de Vienne (1809) ; Gronovius, *Thesaurus antiquitatum græcarum* (1697) ; Graevius, *Thesaurus antiquitatum romanarum* (1694) et *Thesaurus antiquitatum Italiæ* (1704) ; Duchesne, *Scriptores historiæ Francorum* (1636) ; *de Bysanthinæ historiæ scriptoribus* (2ᵉ édition, Venise, 1729) ; le *Thesaurus antiquitatum teutonicarum* de Schilter (1726) ; les *Scriptores rerum germanicarum* de Heineccius (1707), de Schilter (1702, 1717), de Pistor (1726) ; Sonnersberg, *Silæsiacarum rerum scriptores* (1729) ; Reinchardus Wegelinus, *Thesaurus rerum suevicarum* (1756) ; *Thesaurus historiæ helveticæ* (1735) ; *Hispaniæ illustratæ scriptores varii* (1603) ; Schœpflin, *Alsacia diplomatica* (1772) ; *Inscriptiones antiquæ totius orbis* (1707).

La case de Lorraine mérite une attention particulière, à cause des manuscrits dont nous parlerons plus loin. Elle contient, souvent en plusieurs exemplaires, les écrits relatifs à notre pays, de Benoît Picard, Dom Calmet, Clouet, Digot, Durival, Guillaume, d'Haussonville, Lepage, Lionnois, Mᵍʳ Mathieu, Noël, Dom Pelletier, Rogéville, Thiébaut, Wassebourg, l'*Histoire de Metz* des bénédictins, les publications de l'Académie de Stanislas et de la Société d'archéologie lorraine, les édits et ordonnances de Lorraine (1698-1784), les mandements des évêques de Toul (1700-1790), de Nancy (1778-1896), de Saint-Dié (1777-1847), les monographies illustrées de la cathédrale de Nancy par Auguin et de la basilique Saint-Epvre, des recueils de brochures et d'articles de journaux.

La section de géographie et des voyages est fournie d'atlas (1574, 1584, 1625, 1702, 1703, 1741, 1786, 1816) et d'autres volumes anciens. Les seules publications modernes sur ces matières sont quelques périodiques : les *Missions catholiques,* les *Annales de la propagation de la foi* et le *Bulletin de la Société de géographie de l'Est.*

Les philosophes classiques de la Grèce et de Rome ; les philosophes platoniciens ou cartésiens du XVIᵉ, du XVIIᵉ et du XVIIIᵉ siècle ; Cousin et ses principaux disciples ; un assez grand nombre de scolastiques du moyen âge ou du XIXᵉ siècle, forment le fond de la section de philosophie. Il faut y ajouter quelques ouvrages modernes d'économie politique, en particulier ceux de Le Play ; mais les commentateurs grecs d'Aristote, les philosophes allemands ou anglais du XIXᵉ siècle, les études contemporaines de psychologie expérimentale font à peu près complètement défaut.

Les sciences modernes sont encore bien plus mal représentées. Les ouvrages de cette section sont sans valeur.

La case de littérature est surtout riche en éditions diverses des auteurs classiques, grecs, latins, français, et en traductions des auteurs anglais, allemands, italiens ou espagnols. Les cours anciens de littérature abondent. Nous avons déjà signalé l'*Histoire littéraire de la France*.

La section de musique contient 200 volumes ou livraisons de musique religieuse française, 98 de musique religieuse latine, 42 de chants liturgiques, 105 d'histoire de la musique, 70 de théorie de la musique, 124 de musique profane, 62 d'oratorios et 52 de musique d'orgue.

Nous ne pouvons signaler tous nos périodiques. Les uns offrent un intérêt historique et anecdotique soit général, soit religieux, soit local, comme le *Mercure français* (1619-1621, 1635-1637) ; le *Mercure historique et politique* (1717-1722), le *Mercure historique et politique de Bruxelles* (1789-1790), le *Mercure de France* (1788-1791), le *Journal ecclésiastique* (1788-1892), l'*Assemblée nationale* (1789-1791), le *Courrier français* (1792 et 1793), le *Courrier de l'Égalité* (1792-1794), le *Courrier de la Révolution française* (1794), le *Journal des Débats* (de l'an III à l'an VI et de 1815 à 1824), le *Journal de l'Empire* (1807-1814), le *Conservateur* (1818-1820), le *Drapeau blanc* (1819-1820), le *Défenseur* (1820-1821), la *Quotidienne* (1827-1830), l'*Ami de la religion* (1814-1862), l'*Avenir* (1830 et 1831), le *Courrier de l'Europe*, 1832, l'*Univers* (1833-

1859), devenu le *Monde* (1860-1865), redevenu l'*Univers* (1866 et suivants), l'*Espérance* de Nancy (1841-1896), l'*Ère nouvelle* (1848-1849), le *Bulletin du Concile* (1869-1870), l'*Écho de Rome* (1871-1874). D'autres offrent un intérêt biliographique comme la *Bibliographie catholique* (1854-1896) et le *Polybiblion* (1872-1896). La bibliothèque Gorini possède à peu près toutes les revues françaises contemporaines d'ordre ecclésiastique.

### Art. 2. — Les incunables.

Nous ne voulons pas donner le catalogue de tous les incunables de la bibliothèque du grand Séminaire de Nancy. Nous nous contenterons de dresser, par ordre de date, la liste de ceux qui sont antérieurs à l'an 1500.

1. *Bible historiée en français,* tome II depuis les Proverbes jusqu'à l'Apocalypse, in-folio de 108 feuillets ; impression gothique, avec gravures sur bois ; imprimée pour François Regnault, libraire à Paris ; sans lieu, ni date.

2. *Joannis Bekenhaup Moguntini in Scripto S. Bonaventuræ* cum textu sententiarum *Tabula* (alphabetica) ; in-4° gothique, majuscules en rouge ; sans pagination, ni lieu, ni date.

3. *Consolatorium timoratæ conscientiæ* venerabilis fratris Johannis *Nider.* Grand in-12, gothique, majuscules coloriées en rouge et en bleu, sans pagination, ni lieu, ni date. (Vient du couvent des Tiercelins de Nancy.)

4. *Quaternarius* (apocryphe) beati Thomæ de Aquino, in-32 gothique, sans pagination, ni lieu, ni date ; frontispice du libraire Denis Roce (de Paris).

5. *Tractatus magistri Johannis de Gersonio, de Regulis mandatorum,* in-32 gothique, sans pagination ; gravure de personnages sur bois. Imprimé à Paris, par Jean Ysabel, pour Denis Roce ; sans date.

6. *Augustinus, de Virtute psalmorum.* In-32 gothique, sans pagination, ni lieu, ni date ; frontispice du libraire Denis Roce (de Paris).

7. *Liber beati Augustini de Vita christiana*, gothique in-32, sans pagination. Imprimé à Paris, par Jean Lambert, pour Denis Roce; sans date.

8. *Sermones pulcherrimi... de sanctis...* editi a... *Jacobo de Voragine :* 307 sermons de 2 à 3 pages chacun ; in-12 gothique à 2 colonnes, sans pagination, ni lieu, ni date.

8 *bis*. Secunda pars *sup. sedo Decretalium Do. Abbatis Siculi* (Nicolas Tedeschi), Venetiis impressa per Magistrum Nicolaum Jenson gallicum, anno Dni 1477, die 17 mensis augusti. In-folio gothique, sans pagination ; majuscules coloriées, une miniature à la main. La première page a été arrachée. Il manque trois autres volumes.

9. *Jacobi de Voragine de Vitis sanctorum*, in-4° à 2 colonnes, sans pagination ; majuscules en rouge. Imprimé à Venise en 1482, par André Jacques de Lathara, pour Octavien Scotus de Modoetia. (Vient du couvent des chanoines réguliers de Domèvre.)

10. *Pauli Orosii Historiæ*, in-folio, caractère latin, sans pagination, ni nom d'imprimeur. Imprimé à Venise en 1483 pour Octavien Scotus de Modoetia.

11. *Præceptorium Johannis Nideri*, gothique in-4° à 2 colonnes, avec majuscules en rouge, jaune et vert. Strasbourg, 1483, sans autres indications.

12. *Chronologie comparée* (le titre manque), in-folio gothique de 65 feuillets avec gravures et arbres généalogiques. Va de la création à l'an 1481. Préparé par Erhardt Raddolt. Imprimé à Venise en 1484.

13. *Vocabularius juris* (explication des termes de droit canonique et civil, par ordre alphabétique), in-folio de 160 feuillets, gothique, majuscules en rouge et en vert. Strasbourg, 1486.

14. *Quæstiones Buridani morales*, in-4° à 2 colonnes, en caractère latin, avec majuscules en rouge et jaune. Imprimé par Wolgang Hopyl, (de Paris). 1489.

15. *Liber meditationum et orationum devotarum* qui *anthidotarius animæ* dicitur, quem Nicolaus Salicetus, abbas monasterii beatæ Mariæ de Pomerio (alias Bomgart) ordinis cisterciensis, argentinensis diœcesis... congessit. In-12 gothique à 2 colonnes de 120 feuillets, avec rubriques ; majus-

cules et pagination en rouge et vert. Imprimé par Jean Reynard (autrement Grunynger). Strasbourg, 1489.

16. *Præcordiale sacerdotum*, seu meditationes pro singulis hebdomadæ diebus ante altaris accessum, quibus subjunguntur articuli breves et devoti de Passione Christi. In-12 gothique, sans pagination, avec majuscules marquées de rouge. Basle, 1489, sans nom d'imprimeur.

17. *Supplementum Chronicarum...* fratris Jacobi Bergomensis, poursuivi jusqu'en 1486. In-folio gothique de 256 feuillets, avec gravures sur bois. Imprimé à Venise en 1492, par Bernard Riccius de Novare.

18. *Margarita decreti* seu *tabula martiniana decreti* (édité par frère Martin, des frères prêcheurs, pénitencier du pape), in-4° gothique, sans pagination, ni nom d'imprimeur. Strasbourg, 1493.

19. *Postilla venerabilis fratris Nicolay de Lyra super psalterium*, in-4° gothique, avec majuscules en rouge et en jaune, sans pagination, ni lieu d'impression. 1493.

20. *De immortalitate animæ* de Guillaume Houppelande, corrigé par Louis Bochin, in-32 gothique. Imprimé pour Denis Roce. Paris, 1493.

21. *Institutionum* (Justiniani) *opus cum summariis*. In-folio de 86 feuillets. (Le premier feuillet manque.) Texte à deux colonnes, encadré par les commentaires ; caractères gothiques ; initiales en rouge et en bleu ; sans lieu d'impression. 1494, 24 avril.

22. *Homiliæ doctorum*, in-4° gothique de 495 pages, avec majuscules en rouge et en bleu. La première page est encadrée de miniatures avec or. Imprimé à Basle en 1498 par Nicolas Kessler. Une préface explique que ce volume reproduit un *Homiliaire* manuscrit du temps de Charlemagne, conservé à la cathédrale de Basle. Mais le manuscrit reproduit devait être du xie ou du xiie siècle, à en juger par les fêtes qui font l'objet des homélies et par la division de l'ouvrage en deux parties distinctes : les homélies *de tempore* et les homélies *de sanctis*, division qui n'était pas encore usitée au xe siècle [1].

23. *Remundi* (Lull) *pii eremitæ* 1° *de laudibus B. V. Mariæ*; 2° *de natali*

---

1. Dom Baümer, *Geschichte des Breviers*, Fribourg-en-Brisgau, 1895, p. 296 et 287.

*pueri parvuli;* 3° *Clericus;* 4° *Phantasticus,* in-4° gothique, avec majuscules en rouge et en bleu. Imprimé à Paris en 1490, par Gui Mercator.

24. Nous ajouterons à cette liste un ouvrage imprimé à Lyon à la fin du xv° ou au commencement du xvi° siècle. La date indiquée (1416) est certainement fautive. C'est un in-12 gothique à 2 colonnes de 182 feuillets, qui contient les discours de saint Vincent Férier, canonisé en 1488, et à qui le titre de saint est donné en tête du volume.

Il résulte de l'*explicit* que c'était une réédition. Voici cet *explicit* en entier : « Habes in hoc volumine humanissime lector sermones divi. Vincentii ordinis prædicatorum : declamatoris sua etate : pace omnium dixerim : longe prestantissimi jam de novo impressos : diligentia et impensis solertissimi viri Simonis Vincent. una cum ejusdem divi Vincentii quibusdam aliis sermonibus additis : quos si gratos esse cognoverit : reliquos singulari doctrina refertos impressurus est : quod haud mediocri labore in unum collegit : et diligenter recognovit : pie memorie frater Simon Bertherii ordinis predicatorum sacre pagine professor bene meritus.

Impressos Ludg. per Laurentium Hyllaire. Anno dni MCCCCXVI. Die vero X mensis Maii. » Il est probable qu'on a imprimé 1416 pour 1516. Nous possédons un autre volume des discours de saint Vincent (partie d'hiver), gothique in-12 de 231 feuillets, imprimé en 1516, sans lieu d'impression.

25. Mentionnons encore à cause de ses nombreuses et belles miniatures, de son impression sur parchemin et de ses majuscules en or sur fond rouge ou bleu, un livre d'*Heures* (en français) *à l'usaige de Romme,* imprimé à Paris, l'an 1514, pour Nicolas Vivian, libraire. In-12, sans pagination.

## Art. 3. — Manuscrits.

Les manuscrits du grand Séminaire de Nancy se peuvent partager en six classes : 1° les manuscrits liturgiques ; 2° les manuscrits d'ordre didactique ; 3° les manuscrits d'ordre historique qui ne regardent pas spécialement la Lorraine ; 4° les manuscrits qui intéressent l'histoire générale ou civile de la Lorraine ; 5° les manuscrits relatifs à l'histoire d'institutions religieuses de la Lorraine ; 6° les manuscrits qui regardent la vie privée de personnages lorrains.

Nous allons indiquer les principaux dans chaque catégorie.

Nous nous aiderons dans ce travail de nombreuses annotations écrites par M. l'abbé Marchal sur les volumes lorrains. Mais les indications qu'il donne sont assez souvent fautives. Nous avons dû en corriger plusieurs.

## 1. *Liturgie.*

1. *Bréviaire gothique* de la fin du xv\ siècle. Les quatres parties sont à la suite, en un seul volume in-folio sur parchemin de 248 feuillets. Les rubriques sont en français, le texte en latin. La fin manque. Il reste de riches enluminures ; les miniatures ont été coupées. — Nombreux offices franciscains. Le calendrier mentionne saint Mansuy, évêque de Toul.

2. *Breviarium Tullense*, renfermant les deux parties d'été et d'automne. 1 volume in-12 sur vélin, sans titres généraux dans le texte. Écriture gothique très nette sur deux colonnes. Les majuscules sont alternativement en rouge et en bleu. Les initiales sont alternativement en rouge avec enluminures bleues et en bleu avec enluminures rouges. Il s'échappe de ces enluminures de longs rinceaux qui courent gracieusement le long des marges, mais sans former aucune figure de plantes ou d'animaux. L'office du Saint-Sacrement, qui a été ajouté, est d'une écriture plus lourde ; les initiales y sont en rouge, sans enluminures, sauf à la première page. Dans une vingtaine d'initiales principales des parties *de tempore* et *de sanctis,* l'or a été substitué au rouge ou au bleu.

Le volume a été relié récemment en parchemin. M. l'abbé Marchal a inscrit sur le dos de la reliure : « *Breviarium Tullense. Pars Altera. Manuscriptum, 1420.* » Il s'est persuadé, en effet (d'après l'office de saint Epvre, qui n'offre pourtant aucune particularité exceptionnelle), que ce manuscrit est le bréviaire de 1420, dont parle l'abbé Riguet dans son *Système chronologique des évêques de Toul,* Nancy, 1701, p. 92. M. l'abbé Michel, de qui vient le manuscrit, le donne au contraire dans son *Catalogue* (ms. n° 222) comme du xiii\ siècle. C'est cette date qui paraît la véritable, d'après la composition du calendrier et des offices.

On peut distinguer cinq parties dans le volume : 1° le *calendrier ;* 2° le *psautier ;* 3° le *propre du temps ;* 4° le *propre des saints ;* 5° le *commun des saints.*

1° Le *calendrier,* en six feuillets, est très endommagé au haut des premières pages. Il doit être du début du xiii\ siècle ; car, d'une part, il mentionne (29 décembre) la fête de saint Thomas, martyr en 1170, et, d'autre part, il ne mentionne ni la fête des morts (2 novembre) qui était univer-

selle à la fin du xii⁰ siècle ¹, ni la fête du Saint-Sacrement qui fut imposée
à toute l'Église à la fin du xiii⁰ siècle ². Il ne mentionne pas non plus la
plupart des fêtes qui s'étendirent à tout l'Occident au xiii⁰ siècle ³, ni celle
de saint Bernard, ni celle d'aucun saint franciscain ou dominicain. Cependant il indique, à chaque jour, une ou plusieurs fêtes. Les saints du diocèse de Toul y sont inscrits jusqu'à saint Léon IX. Saint Gérard (x⁰ siècle)
y est marqué, mais non son prédécesseur saint Gauzelin.

2° Le *psautier* offre la disposition qui fut en usage du ix⁰ au xii⁰ siècle,
avant la réforme de la liturgie, attribuée à saint Grégoire VII ⁴. Ce psautier
semble donc la reproduction un peu servile d'un plus ancien manuscrit. Les
150 psaumes se suivent dans leur ordre, mais sans numérotation. Ils sont
simplement séparés de temps en temps par quelques répons. Les 108 premiers sont divisés entre les sept jours de la semaine, pour former les matines (les 20 premiers psaumes forment les matines du dimanche); les
psaumes 109 à 150 sont divisés de la même façon, pour former les vêpres
de chaque jour de la semaine. Il n'y a aucun groupe de psaumes, rapporté
aux laudes ou aux petites heures. Cependant les psaumes 21 à 25 sont
précédés du titre : *Dominicis diebus ad primam.* On les disait, en effet, au
ix⁰ siècle, à prime du dimanche ; mais depuis la réforme de Grégoire VII,
ils servent au contraire pour prime de la semaine. — Un possesseur de
notre manuscrit a écrit en haut des pages du psautier, des indications à
l'encre noire qui classent les psaumes d'après la division liturgique actuelle,
en matines, laudes, heures et vêpres. Il a également paginé le psautier.
Mais le reste du manuscrit est sans pagination.

A la suite des psaumes, viennent (p. 82) les cantiques de laudes, puis le
*Te Deum,* le *Magnificat,* le *Nunc dimittis,* le symbole de saint Athanase,
l'office des morts et les litanies. Les litanies ne mentionnent que deux saints
du pays : saint Gérard et sainte Libaire.

Cette première partie du manuscrit ne renferme pas les hymnes du début

---

1. Voir Dom Plaine, *Fête des morts du 2 novembre,* dans la *Revue du clergé français,* 1ᵉʳ novembre 1896, p. 432.

2. Pour abandonner le sentiment de l'abbé Marchal, il suffirait de remarquer que
l'office du Saint-Sacrement avait une grande importance à Toul en 1433 ; car, dans
son *Inventaire* des actes du chapitre, Lemoine signale la bulle d'Eugène IV par laquelle une indulgence est accordée à ceux qui assisteront à cet office (*Archives de
Meurthe-et-Moselle,* G. 1384, p. 30). Mais la fête avait été établie par Urbain IV ; elle
était célébrée à la fin du xiii⁰ siècle par tout l'Occident, au moins en dehors de
certains ordres où se gardaient des règles liturgiques spéciales (voir ms. n⁰ 8).
L'absence de l'office du Saint-Sacrement dans notre bréviaire prouve donc que ce
bréviaire est antérieur non seulement au xv⁰, mais encore au xiv⁰ siècle.

3. Voir ces fêtes indiquées dans Dom Baümer, *Geschichte des Breviers,* Fribourg-en-
Brisgau, 1895, p. 354.

4. Dom Baümer, *ibid.,* p. 253, 285, 331, 342, 353. Voir aussi Batiffol, *Histoire du
bréviaire romain,* Paris, 1893.

des matines et des heures, non plus que les antiennes de la sainte Vierge que l'on récite à la fin. Le *Salve Regina*, prescrit en 1239 par Grégoire IX [1], est à l'office de l'Assomption, avec l'*Alma*.

3° Ces caractères du psautier feraient croire qu'il a été copié antérieurement au xiii° siècle ; les caractères des propres leur assignent au contraire une date postérieure à la réforme attribuée à saint Grégoire VII. Signalons seulement deux de ces caractères : le propre du temps est très nettement séparé du propre des saints et les leçons des matines sont extrêmement courtes ; on n'y donne guère que le commencement des légendes des saints. C'est que le reste se lisait au réfectoire ou au chapitre des couvents.

Le *propre du temps* de notre manuscrit va de la vigile de l'Ascension au 25° dimanche après la Trinité. Cette manière de compter les dimanches qui précèdent l'Avent se retrouve dans les anciens bréviaires imprimés de Toul. Elle est d'autant plus remarquable, au xiii° siècle, que la fête de la Sainte-Trinité n'était pas encore universelle à cette époque. Le propre du temps est suivi de neuf oraisons : trois *pro vivis et defunctis*, trois *pro peccatoribus*, trois *pro pace*.

4° Le *propre des saints* va de la fête des saints Nérée et Achille (12 mai) à la fête de saint Saturnin (29 novembre). Les fêtes que nous avons vues dans le calendrier, n'y ont pas toutes des leçons et des oraisons. On en trouve pour saint Mansuy et pour saint Epvre, évêques de Toul ; mais elles sont écourtées comme je l'ai dit. La fête des morts non mentionnée au calendrier, le 2 novembre, est prescrite, à cette date, dans le propre des saints. Ce propre ne renferme pas la fête du Saint-Sacrement. Elle a été ajoutée à la suite, d'une autre écriture, comme nous l'avons vu.

5° Le *commun des saints* va des apôtres aux vierges, sans aucun office votif.

Notre bréviaire diffère peu d'un *Ordo* toulois du xii° siècle, décrit par Digot (*Mémoires de la Soc. d'archéol.*, 1862). L'*Ordo* mentionne J. Bodon (11 sept.), la vigile de l'exaltation (13 sept.), la translation de saint Gérard (21 oct.) dont notre bréviaire ne dit rien. La fête de la Trinité est dans notre bréviaire ; elle n'est pas dans l'*Ordo*.

3. *Heures* en latin du xv° siècle. In-12 sur vélin avec reliure ordinaire en veau. Semble provenir d'un diocèse des Pays-Bas ; car le calendrier mentionne sainte Aldegonde, les saints Amand et Waast, saint Servais, saint Bertin, saint Lambert. 14 miniatures occupant toute la page et entourées d'une large bordure répétée à la page suivante. Ces miniatures remarquables par la mise en scène, le coloris et l'expression, représentent le Crucifiement, la Pentecôte, la Vierge mère, l'Annonciation, la Visitation, la Naissance de

1. Dom Baümer, *ibid.*, p. 353.

J.-C., les Bergers à Noël, les Mages, la Présentation de Jésus au temple, le Massacre des Innocents, la Fuite en Égypte, le Couronnement de la sainte Vierge, David, Job. De plus petites miniatures représentent les Évangélistes, la Compassion de la Vierge, saint Jean-Baptiste, saint Pierre et saint Paul, saint André, saint Étienne, saint Laurent, saint Quentin, saint Antoine, sainte Madeleine, sainte Marguerite, sainte Catherine (Katixtinia), sainte Barbe.

4. *Heures latines* in-32 sur vélin du xiv<sup>e</sup> ou du xv<sup>e</sup> siècle. Nombreuses miniatures et enluminures sur fond d'or. A toutes les pages, bordure composée d'un liseré d'or et de quelques feuilles. Le calendrier est en français. Une petite miniature représente à chaque mois une occupation qui lui répond. Le fond d'or des miniatures leur ôte toute valeur artistique. Les membres des divers personnages sont d'ailleurs mal proportionnés. La reliure est en veau, avec deux fermoirs en cuivre. Un christ en croix entre la Vierge et saint Jean est gravé sur les plats.

5. *Heures latines* écrites vers le commencement du xvi<sup>e</sup> siècle ; manuscrit in-12 sur parchemin, de 159 feuillets. La couverture et plusieurs feuillets ont été arrachés. Inscriptions ajoutées sur les gardes et les marges, le 25 avril 1600, par Hisselin, Tonnelier; en 1655 (?), par François Hisselin ; le 26 mars 1724, par une autre main; en 1800, par Collignon, demeurant à la saline de Dieuze. Le volume a été donné au Séminaire en 1890, par M. l'abbé Claudin de Nancy. Il contient quatre grandes miniatures encadrées de deux colonnes, surmontées d'un ceintre surbaissé et entourées de larges et délicates bordures sur fond d'or, et deux autres miniatures sans encadrement. Ces miniatures représentent saint Jean l'évangéliste, David et Bethsabée, la résurrection de Lazare, sainte Anne et saint André. Aux bas de la seconde miniature, est un blason d'argent à trois lions de sinople lampassés de gueule.

6. *Projet de Bréviaire* pour le diocèse de Toul, 1723, annoté par le vicaire général de l'Aigle, in-folio sur papier, relié en veau.

7. *Cérémonial* (en français) *des Carmes deschaussés*, avec l'inscription : « frater benaventura a Stamaviâ. Nanceii, 1763 ». In-12 carré sur papier, de 288 pages. En haut de chaque page est la devise : Jésus✛Marie.

8. *Ordinarius ordinis Præmonstratensis*. Ce titre a été donné par l'abbé Hugo d'Étival, à un volume in-12 en parchemin, qui appartenait au monastère même de Prémontré. Le volume est relié en veau sur bois, avec coins

et fermoirs en cuivre. La reliure et les pages mêmes du volume ont été très fatiguées par l'usage. Le volume comprend quatre parties écrites d'une même main, vers le commencement du xiv° siècle, et suivies chacune de quelques notes postérieures, qui peuvent aider à en déterminer la date. Une cinquième partie transcrite vers 1322, termine le volume. Les cinq parties sont :

1° Un recueil intitulé *De potestate et dignitate abbatis et ecclesiæ præmonstratensis et libertatibus totius ordinis*. C'est une collection en 77 articles, de lettres pontificales ou épiscopales, donnant des statuts ou des privilèges aux prémontrés [1]. Ce recueil est suivi d'autres lettres ajoutées postérieurement. Les dernières lettres pontificales transcrites par le premier copiste sont de la seconde année du pontificat du pape Nicolas IV (1290), ce qui suppose que le manuscrit a été écrit peu après cette date. D'ailleurs une lettre de Nicolas IV antérieure (1289) a été ajoutée à la suite par une autre main ;

2° Un cérémonial, en 71 articles, de toutes les cérémonies liturgiques observées dans l'ordre de Prémontré. Il est intitulé : *Ordo annualis officii;*

3° Un cérémonial complémentaire indiquant les particularités observées dans cet ordre, aux diverses fêtes de l'année. Il a pour titre : *Consuetudines... ecclesiæ præmonstratensis*. Il est très détaillé. La première addition qui suit d'une autre main, est datée de 1370, et relate l'introduction dans l'ordre de la fête du Saint-Sacrement ;

4° Les règles de l'ordre des prémontrés intitulées : *Statuta ordinis præmonstratensis*. Ces statuts ont été fixés au chapitre général de 1290 et transcrits par le frère Anselme, chanoine prémontré [2]. Ils sont partagés en quatre distinctions [3], subdivisées elles-mêmes en chapitres. La première distinction, relative aux observances des religieux, est partagée en 20 chapitres. La seconde distinction, relative aux personnes, est partagée en 19 chapitres. La troisième distinction, relative aux fautes, est partagée en 11 chapitres. La quatrième distinction, relative au gouvernement de l'ordre, est partagée en 23 chapitres. — A la suite de ces statuts, se trouvent des additions postérieures d'une autre main, dont l'une est datée de 1307 ;

1. Le Paige, *Bibliotheca præmonstratensis*, Paris, 1633, a publié (lib. III) les lettres pontificales accordant des privilèges aux prémontrés. Son recueil contient beaucoup plus de lettres que notre manuscrit et il semble en avoir omis que notre manuscrit rapporte.

2. Ces statuts ont été reproduits par *Le Paige*, *ibid.*, lib. IV, textuellement tels qu'ils sont dans notre manuscrit, avec cette seule différence que Le Paige ajoute à la distinction IV, un chapitre de plus, le 24°, qu'il dit avoir été porté au chapitre général de 1294.

3. Cette division de la règle des Prémontrés en quatre distinctions, s'est conservée jusqu'à nos jours. Le Paige, *Bibliotheca præmonstratensis*, admet une cinquième distinction, mais les statuts publiés au xviii° siècle, en France, réunissent les chapitres de cette cinquième distinction à ceux de la quatrième. *Statuta sacri et canonici præmonstratensis ordinis*, in-32, Paris, 1773.

5° D'autres statuts sur la quatrième distinction en 17 chapitres [1], pres·
crits au chapitre général de 1322. Cette cinquième partie n'est pas de la
même écriture que les quatre précédentes. Elle est suivie elle-même d'additions dont la première est de 1323.

Bien que ce manuscrit ait été aux mains de l'abbé Hugo d'Étival, il ne
l'avait pas encore, à ce qu'il semble, lorsqu'il rédigea, en 1735, le recueil
dont nous parlerons plus loin (ms. n° 50) et qui est intitulé : *Collectio capitulorum tam generalium quam provincialium ordinis præmonstratensis*. Il
possédait par contre la copie de deux anciens statuts de l'ordre, conservés
au couvent de Salamanque, en Espagne. Cette copie qui lui avait été en-
voyée, en 1725, par le P. Étienne de Noxiéga, se trouve dans nos manuscrits
du Séminaire, à la fin des *Annales ordinis præmonstratensis, sæculum primum*
de Hugo (ms. n°ˢ 53 et 56). Il y a d'ailleurs assez peu de différence entre
notre exemplaire de Prémontré et l'exemplaire de Salamanque qui paraissait le plus récent au P. de Noxiéga. Il y en a davantage entre notre exemplaire et celui de Salamanque qui lui paraissait le plus ancien. Ce dernier
contient 51 chapitres à la quatrième distinction.

9. *Ordinarius Præmonstratensis,* manuscrit sur vélin, in-8° carré ; reliure
en bois. Il se compose de deux sections. La première section reproduit textuellement la seconde partie : *Ordo annualis officii,* du manuscrit précédent.
Il y a seulement quelques différences dans les divisions qui sont ici en
72 articles. La seconde section répond à la troisième du manuscrit précédent ; mais elle l'abrège ordinairement et y fait quelques additions. — Ce
manuscrit semble postérieur au précédent. Il est sans doute du milieu du
xiv° siècle. La fête du Saint-Sacrement, introduite chez les prémontrés en
1370, n'y est pas mentionnée.

10. *Hagiologium ordinis Præmonstratensis,* in-folio sur papier, manuscrit
du xviii° siècle. C'est un projet de martyrologe. Il indique à chaque jour, les
saints personnages de l'ordre des prémontrés, dont on célèbre la mémoire,
résume assez longuement leur vie, et indique les sources d'où chaque notice est puisée. Le volume se compose de trois parties : 1° un premier
*hagiologium* écrit d'une main inconnue et qui a fourni le cadre primitif ;
2° une série de notes prises par le P. Blanpain (voir ms. n° 54), secrétaire
de l'abbé Hugo d'Étival ; 3° enfin un hagiologe bien plus complet que le
premier, rédigé et écrit par le même P. Blanpain.

---

1. Ces 17 chapitres ont été reproduits par Le Paige, *ibid.* p. 832 ; mais il ajoute
un chapitre 18 et un chapitre 19, *qui ne sont pas dans notre manuscrit et qui sont
sans aucun doute postérieurs à 1322.*

11. *Cahier des offices extraordinaires.* Manuscrit in-12, de 419 pages, relié en veau, d'une belle écriture cursive du commencement du xviii^e siècle. Rubriques en français et en latin. A appartenu probablement au monastère de Sainte-Glossinde de Metz. On a ajouté à la fin quelques offices, entre autres « *l'office nouveau du saint Rosaire que Benoît XIII a ajouté au noveux Bréviaire* ». Benoît XIII mourut en 1730.

12. *Hebdomadæ Sanctæ Graduale* (noté). Nocturnes et vêpres des 3 derniers jours de la semaine sainte. Très grand in-folio, en grands caractères romains, avec encadrements. Majuscules et scènes dessinées en noir. Il manque le début, la fin et plusieurs feuillets. Le volume commence à la page 75 et finit à la page 226. Reliure en veau.

13. *Graduel* (noté) du chapitre noble d'Épinal, in-folio sur papier, de 167 pages. Contient les offices particuliers de saint Benoist, des saintes Prince et Victorine, de la translation de saint Goery, de la translation de saint Auger, de saint Maurice. Il a été écrit en 1710, par Jean-François Claudot, prêtre (voir page 137), qui a imité sans beaucoup d'art les rubriques et le texte des graduels imprimés. La couverture porte : « Ce livre appartient à M^me de Ludres, chanoinesse d'Épinal [1]. »

Plusieurs annotations indiquent ce qui était chanté par les dames (page 39, office du vendredi saint) ou joué par l'orgue (page 158). Le volume est relié en veau et assez bien conservé.

14. *Morceaux de chants religieux en grand nombre.* — Voir aussi plus loin les manuscrits n^os 134, 145 et 146.

## 2. *Ordre didactique.*

15. *Biblia sacra.* 1 volume in-folio à deux colonnes, sur parchemin, avec majuscules et titres en rouge et bleu. Une miniature dans la première lettre de chaque livre. La couverture a été arrachée, ainsi que les premières et dernières pages et quelques feuillets de l'intérieur du volume. Le texte commence au Lévitique, chapitre I, 5, et va jusqu'à Job, chapitre XIX,

[1]. M. le Comte de Ludres (*Histoire d'une famille de la chevalerie lorraine,* Paris, 1894, t. II, p. 58) cite deux dames de sa famille, qui furent chanoinesses d'Épinal après 1710. C'étaient deux filles de Louis I^er, comte de Ludres (1677-1734) : Élisabeth, chanoinesse d'Épinal, puis religieuse de la Congrégation à Conflans, et sa sœur cadette Marie-Thérèse, chanoinesse d'Épinal, mariée en 1766 à Charles-Auguste, baron de Dobbelstein-Dennebourg. Peut-être ont-elles été toutes deux propriétaires de notre volume.

24. La division en chapitres diffère un peu de la division actuelle. La prière de Manassé suit le second livre des Paralipomènes. Le 3ᵉ livre (apocryphe) d'Esdras est reproduit. — Mon savant collègue, M. Mangenot, professeur d'Écriture sainte au Séminaire de Nancy, qui a étudié le texte, croit qu'il est conforme aux correctoires franciscains de la fin du xiiiᵉ siècle. — L'écriture est du commencement du xivᵉ siècle.

16. *S. Gregorii Dialogorum libri quatuor*, en grands caractères gothiques, à 2 colonnes. L'écriture paraît du xiiiᵉ siècle. Majuscules en rouge et en bleu. On trouve à la suite en plus petits caractères, et également en latin : 1° une prophétie sibyllique sur Jésus-Christ ; 2° les actes (apocryphes) du jugement de Jésus-Christ, par Ponce Pilate, et récit de sa descente aux enfers et de sa résurrection ; 3° une lettre du prêtre Jean à Emmanuel, gouverneur romain. Le prêtre Jean décrit les richesses (fabuleuses) de son empire.

Le volume est relié en bois couvert de peau de truie, avec fermoir en cuivre. Il a été donné en 1640 aux capucins du couvent de Saint-Mansuy, par Antoine Fleury (?), chanoine de Toul.

17. De Lormes, *Tractatus de divina Scripturarum antiquitate origine et authoritate*, a D. de Lormes, professore sorbonnico, avec l'*ex-libris* : « Claudius Hieronimus Drouas de Boussey, Diaconus Augustodunensis an. Domini 1735. » In-32 sur papier, de 299 pages, broché. Écrit de la main du futur évêque de Toul, Mᵍʳ Drouas.

18. *Notæ grammaticæ in Vetus Testamentum*. Notes en latin sur le texte hébreu des divers titres de l'Ancien Testament ; in-4° de 208 pages, daté de 1733. Reliure en veau.

19. Abgrall, supérieur du Séminaire de Toul avant la Révolution, *Explication des passages difficiles du Nouveau Testament ;* in-4° relié en veau. A appartenu à M. Ferry, supérieur du séminaire de Nancy en 1830.

20. (J. B. Habay), *Sacrorum librorum interpretatio*. Pars I complectens analysim et interpretationem epistolæ B. Pauli ap. ad Romanos ; Mussiponti, 1753 ; 1 volume in-12 de 94 pages, relié en veau. (Cours écrit par l'abbé Chatrian.)

21. *Commentarium breve in epistolam s. Pauli ad Romanos*. Ce cahier doit être le même qui est mentionné au catalogue (ms n° 222) de la bibliothèque de M. Michel, comme écrit par M. de Célers, prêtre réfugié en Allema-

gne ; c'est sans doute le même M. de Célers, qui fut supérieur du grand Séminaire de Nancy avant la Révolution.

22. *Traité contre l'incrédulité* en forme de dialogue entre un jeune homme et un catholique ; in-4° de 577 pages. Manquent un grand nombre de feuillets.

23. D. Cabillot, bénédictin de la congrégation de S. Vannes, *Mémoire contre le Jansénisme,* en faveur de la constitution *Unigenitus.* In-folio sur papier, de 138 feuillets, broché. La première feuille et la fin manquent.

24. Recueil de dissertations : 1° examen du 4° article de la déclaration du clergé de France en 1682 ; 2° question sur *les faits dogmatiques ; 3° De Jesu Christo mittente Spiritum sanctum ;* 4° Joannis Harduini Canticum canticorum historica expositione illustratum. In-4° broché, de 624 pages ; les 4 premières manquent.

25. Recueil d'écrits concernant la Constitution civile du clergé et l'état de l'Église de France pendant la Révolution ; 4 volumes in-4°. D'autres manuscrits sur le même sujet sont disséminés dans nos volumes de M. Chatrian et dans nos autres recueils.

26. *Theologia moralis,* ad usumF. Francisci Thiery, canonici regularis ordinis sacri Præmonstratensis et academici monasterii sanctæ Mariæ Rengivallis (Rangéval, Lorraine), 1731. In-4° de 418 pages, relié en veau.

27. *Tractatus de Sacramento pœnitentiæ ;* cahier in-4° non relié, de 256 pages. Signé J. F. Marulier, 1732.

28. Siffert (Joseph), *Tractatus de Pœnitentia ;* 1 volume, 1752. Pont-à-Mousson.

29. Siffert, *Tractatus de Legibus,* a R. P. Josepho Siffert, sacræ theologiæ doctore professore et decano, t. I et III. Mussiponti in aula minore collegii mussi-pontani, in scola sacræ facultatis theologiæ. Anno 1752. 2 volumes in-8°, de 198 et 179-360 pages. (Cours écrit par l'abbé Chatrian.)

30. Cambon, *Prælectiones theologicæ de universa theologia morali :* t. I, complectens tractatus de baptismo, de eucharistia, de matrimonio et de restitutione, 1752 ; t. II, complectens tractatus de beneficiis et de simonia, 1752. Mussi-ponti, in aula minore collegii mussipontani, in scola sacræ fa-

cultatis theologicæ universitatis mussipontanæ. 2 volumes in-4°, de 313 et 262 pages, reliés en veau. (Cours écrit par l'abbé Chatrian.)

31. Geiger, *Tractatus de fide divina*, 1 volume.

32. Geiger, *Tractatus de Deo uno*, datus a R. P. Geiger, sacræ theologiæ licentiato et professore, tomus II. Mussiponti, in aula minore collegii mussipontani, in scola sacræ facultatis theologicæ, 1752. 1 volume in-8° de 305 pages, relié en veau. (Cours écrit par l'abbé Chatrian.)

33. Geiger, *Tractatus de Eucharistia*, datus a R. P. Geiger, soc. Jesu, sacræ theologiæ doctore et professore, pars II. Mussiponti, 1754. 1 volume in-12 de 144 pages, relié en veau. (Cours écrit par l'abbé Chatrian.)

34. *Cursus philosophicus*, 1758. 2 volumes in-4°, reliés en veau. Initiales N. O. dans les frontispices dessinés de chaque volume.

35. Divers autres cours. — Recueils de sermons. — Ouvrages ascétiques, dont plusieurs sont des copies d'imprimés.

36. Chevallier, professeur au grand Séminaire de Nancy (1839-1852), *Compendium philosophicum*, autographié. Ce cours a été imprimé à Nancy en 1860.

37. Berman, professeur au grand Séminaire de Nancy, *Theologia moralis*. 4 volumes autographiés, 1849-1850. Ont été imprimés en 7 volumes, en 1854 et 1855, sous le titre de *Theologia ex s. Ligorio*.

38. Godefroy, professeur au grand Séminaire de Nancy, *Étude de S. Paul*, Séminaire de Nancy, 1849. 1 volume in-8°, de 224 pages, autographié.

39. Barbier, professeur au grand Séminaire de Nancy, *Cours d'Écriture sainte*, 1864-1865. Introduction générale à l'Écriture sainte. 1 volume in-8°, autographié.

40. Dormagen, professeur au grand Séminaire de Nancy, *Cours d'Écriture sainte*, 1865-1866, *Épîtres de S. Paul*. 1 volume in-8°, autographié et inachevé.

41. Nader, professeur au grand Séminaire de Nancy (1867-1872), *Tableaux synoptiques* de son cours d'Écriture sainte, autographiés.

**42.** Barnage, professeur au grand Séminaire de Nancy, *Cours d'histoire ecclésiastique* et *Cours d'éloquence,* 1856-1864 ; fascicules in-4° de 30 à 100 pages par année, formant ensemble 2 volumes reliés de 4 à 500 pages chacun.

### 3. Histoire générale et histoire particulière non lorraine.

**43.** *Vincentii Bellovacensis Speculum historiale.* Table des livres 24 à 31 et texte depuis le livre 24 jusqu'au livre 26, chapitre 32 suivant les éditions imprimées (notre édition imprimée est celle de Douai, 1624). Manuscrit sur vélin, in-folio à 2 colonnes. Écriture de la fin du XIIIᵉ siècle. Notre manuscrit offre les particularités suivantes : 1° il appelle livre 25, le livre 24 des imprimés ; 26, le livre 25, et ainsi de suite jusqu'au livre 31 et dernier des imprimés, qu'il nomme 32° ; 2° il s'arrêtait au chapitre 87 (88 des imprimés) de ce dernier livre, chapitre qui termine la notice de saint Edmond de Cantorbéry. Notre manuscrit ne contenait donc ni les chapitres 89-92 et 95-102, relatifs à l'expédition de saint Louis en Égypte, ni les chapitres 63 et 94 relatifs à saint Pierre de Milan. Une seconde main a ajouté à la table, le titre des chapitres 89-91 qui concernent le commencement de l'expédition en Égypte, mais non les chapitres suivants, bien qu'il reste beaucoup d'espace en blanc sur le parchemin.

**44.** *Chronicon Fratris Balduini dyaconi,* canonici ordinis præmonstratensis, abbatis ninivensis : ex autographo ipsius authoris transcriptum, anno 1726. In-folio sur papier de 234 pages, sans aucune couverture. Cette chronique de Beaudoin, prémontré de l'abbaye de Ninove, en Flandre, va de l'an I de l'ère chrétienne à l'an 1293. Notre manuscrit est une copie prise sur l'autographe, conservé à l'abbaye de Ninove, pour l'abbé Hugo d'Étival, qui a publié l'ouvrage pour la première fois, dans ses *Sacræ antiquitatis monumenta,* Saint-Dié, 1731, t. II, p. 59-190. Le texte de notre copie est intégralement reproduit par l'imprimé, qui est par conséquent conforme à l'autographe. M. de Smet a donné dans le second volume des *Chroniques de Flandre,* Bruxelles, 1841, une seconde édition de la Chronique de Baudoin, assez différente de celle de Hugo. M. de Smet s'est servi d'un manuscrit qu'il croyait celui de Ninove (*Histoire littéraire de la France,* t. XX, Paris, 1842, p. 210-227). La conformité de notre copie avec le texte imprimé par Hugo donne lieu de supposer que M. de Smet s'est mépris sur la provenance de son manuscrit et que son édition est moins exacte que celle de l'abbé d'Étival. — Notre copie porte de la main de l'abbé Hugo, des sommaires qui n'ont pas été reproduits dans le volume imprimé, et des annotations qui l'ont été avec des notes complémentaires ajoutées

par Blanpain, secrétaire de Hugo. Le quart à peu près des notes imprimées sont de Hugo ; les autres sont de Blanpain.

45. Joannes de la Motte, *Taxæ ecclesiarum* cathedralium et metropoli-
tanarum et monasteriorum totius Regni Franciæ, certorumque locorum
aliorum circumvicinorum, prout in libris Cameræ apostolicæ reperiuntur,
quas Joannes de la Motte, Clericus Meldensis diœcesis, Romanam Curiam
sequens... secundum ordinem alphabeticum annotavit, anno Dni 1534.
1 volume in-32 d'environ 300 pages. Il ne reste plus qu'une couverture de
la reliure en cuir. Le manuscrit indique toutes les taxes payées en cour de
Rome, à des titres divers, et toutes les réglementations qui les concernent.
Le manuscrit est suivi dans le volume, de deux imprimés gothiques de
l'époque : le premier imprimé à Rome en 1522, et intitulé *Taxæ Cancellariæ
apostolicæ ;* le second, de quatre feuillets, sans lieu, ni date, est intitulé
*Taxæ Pœnitentiariæ Apostolicæ.* Ce volume est d'autant plus intéressant
qu'il est de l'époque de la Réforme.

46. (Gaurard), *Histoire des Collectes* faites en différents pays (Westphalie, Haute-Saxe, Souabe, Franconie, Basse-Saxe, Italie, Suisse, Tyrol,
Russie, Danemark, Suède, Silésie, Prusse méridionale) sous la direction
de MM. les évêques français, pour le soulagement de leurs prêtres fidèles,
déportés en Suisse ; in-4° relié, de 494 pages.

Les évêques français émigrés en Suisse en 1792 avaient organisé une
œuvre, dite des *collectes,* pour recueillir par toute l'Europe des aumônes en
faveur de leurs prêtres émigrés. Le centre de l'œuvre était à Soleure. Le
récit que fait de ces quêtes notre manuscrit, qui paraît être l'original, offre
à tous égards un vif intérêt. Ce récit a pour auteur l'abbé Gaurard, chanoine de Darney (Vosges). M. Léonce Pingaud en a donné quelques extraits
(d'après une copie communiquée par le marquis de Terrier-Santans) dans le
*Bulletin d'histoire et d'archéologie du diocèse de Dijon,* 1890 (collectes de
Haute-Saxe, de Basse-Saxe et de Suède), et dans le *Bulletin de la Société
d'agriculture, sciences et arts* de Poligny, 1879 (collecte de Westphalie).
M. l'abbé Jérome, professeur au Séminaire de Nancy, se dispose à publier
intégralement notre manuscrit, dans la collection de la *Société d'histoire
contemporaine.*

47. *Liber compilatus ex variis scriptis ordinem præmonstratensem concer-
nentibus et pluribus manibus conscriptis* apud Sanctam Mariam Majorem
Mussiponti, annis 1646 et 1647, prece studio et jussu Petri *Thienville* qui et
aliqua composuit et addidit ; in-folio en papier, de 644 pages.

Outre des documents relatifs à l'ordre entier de Prémontré, ou à certains monastères particuliers, ce volume contient des catalogues détaillés des fondateurs de couvents et des personnages qui ont illustré l'ordre, à divers titres. Le P. Thienville, qui le fit écrire et le compléta, était prieur de l'abbaye de Pont-à-Mousson et vicaire général de l'ordre pour la Lorraine.

48. *Monumenta manuscripta ordinis præmonstratensis,* 1718. 18 volumes in-folio, reliés en veau, de chacun 500 ou 600 pages. En tête de chaque volume se trouve le portrait de l'abbé Hugo d'Étival[1], qui a réuni la collection, et le titre imprimé du recueil. Presque tout le reste est manuscrit. Ce sont les documents, que l'abbé Hugo a rassemblés pour composer son grand ouvrage : *Sacri et canonici ordinis Præmonstratensis annales,* 2 volumes, in-folio, Nancy, 1734 et 1736. Ces documents sont classés comme les notices de l'ouvrage lui-même : les documents qui regardent le même monastère sont réunis ; et l'ensemble est placé par ordre alphabétique des monastères. Chaque volume contient une vingtaine de monastères. Aucune des pièces recueillies par Hugo ne fait défaut, à l'exception des documents manuscrits relatifs à Sainte-Marie de Pont-à-Mousson, qui ont été arrachés, vers 1875, du tome XI, par un lecteur malhonnête. Cette collection renferme des titres, des listes d'abbés, des copies de manuscrits conservés dans les divers couvents. Elle est d'autant plus précieuse qu'un grand nombre de ces documents ont été dispersés et même détruits pendant la Révolution.

49. *Historia monasteriorum ordinis præmonstratensis in regno Hispaniæ.* C'est un volume de plus de 600 pages in-folio, semblable aux précédents (nᵒ 48) et qui contient des documents sur les monastères prémontrés d'Espagne. Ces documents ont été réunis pour l'abbé Hugo et transcrits presque tous d'une écriture serrée, par le P. Joseph Étienne de Noxiega. En 1718, lorsqu'il commença ce travail, ce dernier était secrétaire général de l'ordre en Espagne, et professeur de théologie au collège de Saint-Norbert, à Salamanque. Lorsqu'il l'acheva, en 1733, il était définiteur général de l'ordre en Espagne et abbé de Retorta.

50. *Collectio capitulorum tam generalium quam provincialium ordinis præmonstratensis,* 1735. 1 volume in-folio de 780 pages, plus 150 à 200 pages d'appendices; reliure en veau ; portrait de Hugo d'Étival et titre imprimé, comme dans les précédents volumes. Ce sont également des pièces recueillies par l'abbé Hugo, sur tout ce qui s'est fait dans les chapitres, soit généraux, soit locaux de l'ordre de Prémontré. Il suit naturellement l'ordre

1. **Voir** sur l'abbé Hugo d'Étival, son *Éloge historique* par Digot, dans les *Mémoires de la Société royale des sciences, lettres et arts de Nancy,* 1842, p. 101.

chronologique. Les documents reproduits pour les temps primitifs sont moins nombreux, sans doute parce qu'on n'a pas transcrit ceux qui avaient été imprimés par Le Paige, dans sa *Bibliotheca præmonstratensis ordinis,* 2 volumes in-folio, Paris, 1633. Notre volume s'arrête au chapitre de la province de Westphalie, de 1721.

51. 3 portefeuilles in-folio cartonnés, contenant des pièces également relatives à l'histoire des prémontrés et qui ne sont pas entrées dans les volumes précédents, bien qu'elles aient été aussi recueillies par Hugo d'Étival. Ces portefeuilles renferment 149 pièces ou cahiers numérotés de la main de l'abbé Hugo. Plusieurs de ces cahiers sont des copies de manuscrits conservés dans les couvents, comme nécrologes, chroniques et vies de saints personnages.

52. 2 autres portefeuilles in-folio cartonnés, contenant la correspondance et les documents relatifs à l'impression et à la souscription des *Annales des Prémontrés.* Comme je l'ai dit (ms. n° 48), deux volumes in-folio, qui contenaient une notice spéciale des divers monastères, furent imprimés en 1734 et 1736. Mais ces deux premiers volumes devaient être complétés par d'autres, qui auraient raconté l'histoire générale de l'ordre. Les *prospectus* de ces autres volumes sont dans nos portefeuilles, ainsi que je vais le dire aux deux articles suivants.

53. *Annales ordinis præmonstratensis,* sæculum I^um (1120-1220); in-folio relié en veau, de 680 pages, avec 200 pages d'appendices. Il est prêt pour l'impression et écrit tout entier de la main de l'abbé Hugo, sauf un appendice écrit de la main du P. de Noxiega (voir ms. n°s 8, 49 et 56), et qui reproduit les statuts de l'ordre d'après des manuscrits espagnols. Ce volume devait former le tome III° des *Annales ordinis præmonstratensis,* et être suivi lui-même, de quatre autres volumes semblables, ainsi que nous l'apprend le prospectus (voir ms. n° 52) adressé par l'abbé Hugo à tous les monastères de l'ordre, le 7 mars 1739. Mais l'infatigable auteur mourut le 2 août 1739, à l'âge de 71 ans; son abbaye fut donnée en commende à M^gr Begon, évêque de Toul ; l'abbé de Vence, censeur de l'ouvrage, demanda des remaniements. Tous ces obstacles empêchèrent la publication du volume.

54. *Annales sacri canonici ordinis præmonstratensis.* Liber I, II, III et IV, in-folio cartonné de 792 pages. Ce manuscrit est prêt à être imprimé et écrit de la main de Blanpain, prémontré, official et curé d'Étival, ancien secrétaire de l'abbé Hugo. Le P. Blanpain aida d'abord Hugo[1], puis se

---

1. Voir ms. n° 44.

brouilla avec lui ; il écrivit même contre lui [1]. Après la mort du savant abbé, il aurait voulu continuer son œuvre. Il refit donc l'ouvrage de Hugo suivant ses vues personnelles et en tenant compte des observations de l'abbé de Vence. En 1774, il put lancer (voir ms. n° 44) un prospectus qui annonçait l'ouvrage. Le premier volume devait contenir l'histoire du premier siècle de l'ordre; mais au lieu de partir de l'origine de l'ordre en 1120, Blanpain commençait à la naissance du fondateur de l'ordre, saint Norbert, en 1080. Le premier volume devait donc se poursuivre jusqu'à 1180. Notre manuscrit s'arrête brusquement au milieu de l'année 1133. Un autre volume manuscrit, d'une étendue à peu près égale, contenait sans aucun doute la suite. Ce second volume est probablement perdu. En tout cas, nous ne le possédons pas. Nous possédons par contre le brouillon du début de l'ouvrage jusqu'à l'an 1122 (cahier in-folio de 712 pages), écrit aussi de la main de Blanpain.

55. *Manuscriptum rubrum;* in-folio sur papier, cartonné, ainsi intitulé par l'abbé Hugo et écrit tout entier de sa main. Ce sont des notes de l'histoire de l'ordre de Prémontré, prises siècle par siècle, avec l'indication de l'année en marge et les références à la suite de chaque article. Cette sorte de chronique va de 1120 à 1719. C'était évidemment un noyau, d'où devaient sortir les développements du grand ouvrage préparé par l'abbé Hugo.

56. 1 volume ou portefeuille cartonné, in-folio de 600 à 700 pages, contenant surtout des documents et des notes pour les ouvrages de l'abbé Hugo sur les prémontrés. J'y remarque : 1° des notes pour une bibliothèque des écrivains de l'ordre des prémontrés ; 2° 204 pages de notes à imprimer à la suite des *Annales ordinis præmonstratensis sæculum I^{um}* (ms. 53). Parmi ces notes se trouvent une copie des statuts des prémontrés adressés à Hugo par le P. de Noxiega (ms. 53), et une copie des statuts publiés par Le Paige (voir ms. 8) ; 3° des histoires et des dissertations semblables à celles des manuscrits classés sous le n° 50 ; 4° un inventaire en 24 pages, de 78 pièces concernant l'union de la mense abbatiale d'Etival à l'évêché de Toul, union demandée en cour de Rome (1747).

57. *Series episcoporum ordinis præmonstratensis,* suivie de *Series scriptorum ordinis præmonstratensis;* 1 cahier in-folio de 24 pages, sans couverture.

58. *Notes* prises par l'abbé Hugo en 3 cahiers in-folio, sans couverture.

---

1. Digot, *Éloge de l'abbé Hugo, loc. cit.,* p. 135.

Deux de ces cahiers contiennent des notices sur les personnages qui pouvaient entrer dans un nécrologe de l'ordre des prémontrés. Le troisième cahier, intitulé par Hugo « *Arcula varia : Memorabilia, n° 30* », renferme des déclarations de rois, de conciles ou d'évêques, en faveur des prémontrés.

59. *Regulæ Superioris particularis* seu localis. Règles des supérieurs locaux de la congrégation de la Mission ; cahier cousu, in-folio de 33 pages, qui a dû être écrit au xviiiᵉ siècle.

60. Circulaires envoyées aux maisons de la congrégation de la Mission (1660-1724); in-4° sur papier, de 424 feuillets, cartonné. Semble venir des prêtres de la congrégation de la Mission de Bourges, à qui quelques autographes sont adressés.

61. F. Canari, *De notitiis Regni corsici,* opus historicum legale, distributum in quinque partes, auctore Francisco Canari, Genæ advocato. 4 in-folio sur papier, cartonnés, de 164, 178, 198 et 91 feuillets. L'écriture a été jaunie par le temps, mais reste très lisible ; quelques corrections de la même main sont restées plus noircies ou sont devenues plus jaunes. Des corrections, des additions marginales et des espaces laissés en blanc donnent lieu de penser que ce manuscrit est l'autographe de l'auteur. Un éloge de cet auteur, d'une écriture différente, est collé sur la couverture du premier volume ; il est signé : *Carolus Joseph Cipoltinus Bastiensis.*

L'ouvrage est de la fin du xviiᵉ siècle (les dernières dates sont de 1685). Il tend à établir les droits de la République de Gênes sur la Corse ; mais renferme une foule de renseignements très précis. L'ouvrage est divisé en cinq parties. « In 1ª parte, dit l'auteur (f. 2), agitur de situ et qualitatibus ; in 2ª de dominio Serenissimæ Reipublicæ Genuensis ; in 3ª de Religione et moribus ; in 4ª de viris illustribus et venerabilibus Religiosis ; in 5ª de feudis. » Nous possédons les quatre premières parties dans notre manuscrit. Un volume est consacré à chaque partie. La cinquième partie qui devait former un cinquième volume, nous manque. J'ai consulté M. l'abbé Martelly, curé de Zilio, par Calvi (Corse), au sujet de cet ouvrage. Il a bien voulu me répondre, le 5 juin 1896, en m'envoyant copie de la note suivante qui se trouve dans la traduction d'une autre histoire de la Corse, par P. Cyrné, publiée par la Société des sciences historiques de la Corse : « F. Canari, avocat de Gênes, est l'auteur d'un manuscrit inédit cité assez souvent par les historiens modernes Corses. Ce manuscrit est avant tout un plaidoyer destiné à démontrer les droits de Gênes sur la Corse, ainsi que le dit le titre du 1ᵉʳ volume : *De Dominio Reipublicæ Genuensis.* » On ne nous dit pas où se trouve ce manuscrit[1]. Il est probablement une copie du nôtre Il semble en outre n'être point complet : car dans notre manuscrit, ce n'est pas le 1er volume ; c'est le second qui est intitulé : *De Dominio Reipublicæ Genuensis*. — Aucun indice ne permet de déterminer la provenance de notre manuscrit dont personne ne s'est encore occupé. Peut-être nous a-t-il été apporté par le grand-père de feu M. le recteur Maggiolo (mort à Toul, en 1895). Son grand père était en effet de Gênes. Il avait commencé par être médecin et avait sauvé la vie à Pie VII dans une maladie. Lorsque sa femme mourut, il se fit prêtre et vint s'établir avec son fils à Nancy, en 1808. Il résidait et mourut, vers 1820, au grand Séminaire de Nancy, dans les appartements contigus à ceux du supérieur. Je tiens ces renseignements du recteur Maggiolo, qui dans son enfance lui servait la messe à Bon-Secours et qui assista à ses derniers moments au Séminaire[2]. Il pourrait se faire que ce vénérable prêtre ait témoigné sa reconnaissance au Séminaire, en nous laissant ce manuscrit.

62. *Notes sur le sacre des rois de France* dans la ville de Reims, depuis l'origine de la monarchie ; in-4° sur papier de 20 pages. Indique les particularités du sacre de chaque roi. Se termine ainsi : « *Louis XVI* sacré à Reims, le 11 juin 1775, par l'archevêque de Reims. *Louis XVII* n'a pu l'être. »

63. *Science du blason* ou manière de connaître, disposer, colorer, chiffrer et définir les armoiries des nobles, 1775. Cahier in-folio de 75 pages.

64. *Status Beneficiorum Diœcesis Catalaunensis*, in-12 de 16 pages sur papier. Incomplet et extrait d'un plus grand ouvrage dont il porte la pagination. Indique par ordre de décanats, les bénéfices avec les collateurs et le montant des dîmes. Paraît de la fin du xviie siècle.

65. *Relation de la canonisation* solennelle des saints Fidèle de Sigmaringa, Camille de Lellis, Pierre de Regalada, Joseph de Leonissa et Catherine de Ricci, célébrée par Notre Saint Père le pape Benoît XIV (29 juin 1746), avec les discours qu'il a prononcés dans les consistoires tenus pour cette canonisation ; 2 cahiers in-folio de 15 et 19 pages.

66. *Saints des provinces*. 3 cahiers petit in-4° d'une cinquantaine de pages chacun, indiquant, pour chaque diocèse, les saints particuliers qui y

---

1. La Bibliothèque d'Ajaccio ne possède pas l'ouvrage de Canari. La Bibliothèque de Bastia n'en possède qu'un court extrait de 7 pages.

2. Voir Dr Bouchon, *Éloge de M. Louis Maggiolo*, dans les *Mémoires de l'Académie de Stanislas*, 1897.

, sont nés ou qu'on y honore, avec l'époque de leur vie et la date de leur fête. Le 1er cahier est consacré à Reims et à la Belgique ; le 2e, à Sens et à la Neustrie ; le 3e (intitulé 4e cahier), à Lyon et à la Bourgogne. L'écriture est de l'abbé Elquin.

67. 1° *Insignes basiliques des Gaules,* histoire et brève description. — 2° *Chronologie* depuis l'origine du monde jusqu'à la naissance de Jésus-Christ, et depuis la naissance de Jésus-Christ jusqu'à 1794. — 3° *Chronologie des Églises de France.* — L'auteur raconte siècle par siècle la fondation des diocèses antérieurs à la Révolution. Il la place pour presque tous, aux iiie et ive siècles. Cahier petit in-4° de 58 pages. L'écriture est de l'abbé Elquin.

68. Discours en latin adressés aux récipiendaires, à leur promotion au doctorat en théologie en Sorbonne. 7 feuilles in-4°, de 4 pages, contenant chacune deux discours écrits et corrigés de la main du même orateur, qui était sans doute le doyen ou le syndic de la Faculté de théologie. Le nom de chaque récipiendaire est en haut de chaque discours. Ce sont M. de Muin, M. Ingletton, Anglais, M. du Puich, M. Carré, M. Fournier, M. de Montalambert, M. de Poille-Villain, deux MM. de la Bastie, fils, semble-t-il, d'un gouverneur de Strasbourg, M. Angeart, M. Daguebert, M. Pellelier, M. du Troncq, M. Quelly. Ces discours sont de la fin du xviie siècle. On y parle de Louis XIV, de l'archevêque de Paris de Harlay, de Catinat.

69. *Régiment de Vermandois.* Contrôle des services de Messieurs les officiers dudit régiment (1777) ; 1 cahier in-folio de 12 feuillets.

70. *Procès-verbal de l'Assemblée du Clergé de France,* tenue au grand couvent des Augustins ès années 1681 et 1682 ; in-folio sur papier de 356 pages, relié en veau. Ce manuscrit est bien plus complet que la *Collection des procès-verbaux des assemblées générales du Clergé de France,* Paris, 1772, t. V, pages 365-555. Il se termine par la note suivante en italien : « Vous trouverez quelques fautes, mais ne vous en étonnez pas. Il y en a beaucoup dans l'original. J'ai mieux aimé les laisser que de m'exposer à changer le sens en faisant des corrections. Le 8 décembre 1719. »

71. Protestations diverses contre les abus existants, contre la suppression des vœux monastiques et la constitution civile du clergé, 1789-1791. 7 pièces in-4°. La 1re est une adresse à l'Assemblée nationale de la part des carmélites de France ; la seconde une lettre de M. Dastori à Louis XVI, 30 janvier 1789 ; la troisième une réponse de M. Mollevaut, curé des Trois-Maisons de Nancy, à l'évêque constitutionnel Lalande, 7 juillet 1791.

72. *Critique* (détaillée) *du catéchisme de l'Empire français* prescrit par Napoléon Iᵉʳ ; 3 cahiers in-12, formant environ 350 pages. Paraît de l'écriture de l'abbé Elquin.

72 *bis*. *Concile national de 1811*. Documents, histoire et liste des membres. 2 cahiers in-4° de 23 et 32 pages.

73. Chatrian [1], *Mémoires sur la Révolution dans l'Église de France*, 1799. 1 volume in-12, cartonné, de 232 pages. 1ʳᵉ partie : Principales anecdotes ecclésiastiques des assemblées françaises. — 2ᵉ partie : Anecdotes touchant le serment schismatique. — 3ᵉ partie : Anecdotes nécrologiques. Prêtres mis à mort, incarcérés ou déportés, par ordre de départements et de dates. — 4ᵉ partie : Anecdotes catholiques ou se rapportant à la religion.

74. Chatrian. *Documents historiques*. Recueil in-4°, relié en veau. Il se termine par deux listes des prêtres français émigrés pendant la Révolution : la première par ordre des pays où ils étaient réfugiés (27 pages) ; la seconde par ordre des diocèses d'origine, puis par ordre des villes où ils étaient réfugiés (101 pages).

75. Chatrian, *Abrégé chronologique de l'histoire ecclésiastique du* xviii° *siècle*, rédigé de 1763 à 1809. 5 volumes in-12, reliés en veau, de 450, 463, 400, 390 et 386 pages. Le dernier volume, qui commence à 1789, a la forme d'un journal quotidien.

76. Chatrian, *Essai d'une histoire critique du philosophisme français depuis les dernières années du* xvii° *siècle*, 1810 ; in-32 de 339 pages non relié.

---

1. **Voir** Thiriet, *l'abbé Chatrian*, sa vie et ses écrits, Nancy, 1890. Je me suis servi beaucoup de la bibliographie des ouvrages de Chatrian, dressée par M. Thiriet. J'indiquerai quelques ouvrages qu'il ne mentionne pas, car ils m'ont paru dignes d'être signalés. Je ne parlerai pas de ceux qui sont de simples copies d'œuvres imprimées, ni de ceux qui ont le caractère de méditations, d'instructions ou de prières. Parmi les ouvrages signalés par M. Thiriet comme ayant l'abbé Chatrian pour auteur, voici ceux que je n'ai point trouvés à la bibliothèque du Séminaire : 1° une édition augmentée du Pouillé de Benoît Picard, 1763 (elle est à l'évêché de Nancy, d'après Mᵍʳ Mathieu, l'*Ancien régime*, p. XI) ; 2° le *Pouillé du diocèse de Saint-Dié*, 1779 (il appartient à M. le chanoine Noël, de Saint-Dié) ; 3° quatre ouvrages sur la paroisse de Saint-Clément (ils sont au presbytère de cette paroisse) ; 4° le tome Iᵉʳ du *Martyrologe romain*, et le tome II du *Calendrier historico-critico-monastique* (M. Thiriet n'a pas vu non plus ces volumes : le titre tome Iᵉʳ, tome II lui a fait conjecturer qu'il existe 2 volumes) ; 5° l'*Almanach de la Révolution* pour l'année 1800 (il appartient aussi à M. le chanoine Noël, de Saint-Dié). D'après les notes manuscrites de M. Thiriet, le P. Rogie, chanoine régulier, possède une liste des chanoines réguliers dressée par **Chatrian**. La Bibliothèque nationale de Paris possède aussi un volume de Chatrian. **Voir plus loin manuscrit nº 187.**

C'est une suite de notes biographiques, plutôt qu'une histoire du philosophisme.

77. Chatrian, *Martyrologe romain et français à l'usage du diocèse de
Nancy*, suivi de *Nécrologe* de personnages illustres par leur vertu et leur
sainteté, t. II ; in-12 relié en veau, de 418 pages. Le tome I manque.

78. Chatrian, *Opuscules historiques*, in-12 cartonné de 364 pages. Entre
autres opuscules, ce volume renferme : page 188, Détails sur le jugement et
la mort du R. P. Grégoire, capucin, né à Saint-Loup en Vosges, mis à
mort à Vesoul, le 15 janvier 1796 ; page 212, Lettres écrites de Gomme-
ville, diocèse de Langres, à un curé émigré (16 novembre 1795-9 mars
1796) ; page 221, *Calendrier historico-catholico-pastoral*. A chaque jour de
l'année, ce calendrier propose l'exemple d'un curé mort ce jour-là.

79. Chatrian, *Calendrier historique pour l'année bissextile 1768*, par
M. l'abbé C. Il devait y avoir un volume par mois. Nous n'en possédons
que 4 : janvier, in-12 relié en veau, de 312 pages ; février, in-12 relié en
veau, de 351 pages ; mars, in-12 relié en veau, de 400 pages ; mai, in-12
non relié, de 460 pages. Les événements importants arrivés chaque jour
sont relatés par ordre d'années. Le volume de janvier s'arrête à 1768 ;
mais les suivants continuent jusqu'en 1813 ; et c'est pour cette époque
contemporaine de l'auteur, que le calendrier mérite d'être consulté. Chatrian ne paraît pas avoir terminé l'ouvrage ; car le calendrier pour juin 1768
est représenté dans ses papiers, par un cahier de 20 pages, intitulé : *Rem-
plissage pour mes éphémérides de 1768*.

80. *Calendrier historique ecclésiastique pour 1773* (1 volume in-12 relié en
veau, de 367 pages), *et 1802* (1 volume cartonné de 380 pages). Ces 2 volumes sont dans la forme de l'ouvrage précédent, mais plus sommaires et
spéciaux aux événements religieux.

81. Chatrian, *Calendrier historico-féminin*, 1802 ; in-12 cartonné, de
383 pages. A chaque jour de l'année, l'auteur indique plusieurs femmes
remarquables par leurs vertus ou leurs actions. L'ouvrage se termine par
une bibliographie très étendue des auteurs qui ont écrit sur les femmes.

82. Chatrian, *Calendrier historico-critico-monastique* pour toute année,
par un curé myso-moine, 1801, t. 1 (janvier à juin) ; in-12 relié en cuir, de
392 pages. Le tome II manque. A chaque jour, l'auteur rappelle la mort
des moines scandaleux. C'est un des volumes où son défaut de charité s'est
le plus affiché.

83. *Calendrier jésuitique, ou Annales historiques de la société de Jésus*. A Cologne, 1759, aux dépens de la Compagnie. Nouvelle édition considérablement augmentée, 1790 ; in-12 relié en veau, de 416 pages, écrit aussi de la main de Chatrian. Il ne donne pas la bibliographie du sujet et n'indique pas ses sources comme les volumes précédents. Il y a donc lieu de douter que Chatrian soit l'auteur de l'ouvrage.

84. Chatrian, *Calendrier de l'année Bénédictine. Table alphabétique des saints d'Allemagne* et notice bibliographique sur chacun d'eux ; in-12 couvert en parchemin, de 206 pages. Le calendrier est une simple traduction d'un martyrologe bénédictin. La plupart des notices sont sans doute aussi traduites. Cependant le volume se termine par un supplément de notices, qui doit être l'œuvre de Chatrian.

85. Chatrian, *Dictionnaire historique portatif des hommes illustres et savants de Bavière* (extrait de Koboltz), 1795. *Dictionnaire historique portatif des hommes illustres d'Allemagne* (extrait de Hubner), 1795. 1 volume in-12, couvert en parchemin, en 2 parties de 137 et 178 pages.

86. Chatrian, *Supplément au Dictionnaire historique portatif de Feller*, 1807 ; in-8° relié en veau de 456 pages.

87. Chatrian, *Abrégé chronologique de l'histoire ecclésiastique d'Allemagne*, avec des feuilles contenant la bibliographie du sujet. *État actuel du clergé d'Allemagne*, 1794. — Catalogue des évêques de Cologne, de Trèves et d'autres sièges d'Allemagne. In-4° cartonné de 334 pages.

88. Chatrian, *Abrégé chronologique de l'histoire ecclésiastique du diocèse de Salzbourg. — Abrégé chronologique de l'histoire de Bavière*, selon Velserus. — *La Bavière ecclésiastique*. In-4° cartonné de 250 pages.

89. Chatrian, *Supplément aux Anecdotes raccourcies et partielles de Dinouart* (1701-1768). Cahier in-4° de 32 p. — *Continuation* (développée) *du supplément des anecdoctes ecclésiastiques* (1790-1794). Cahier in-4° de 28 p. — Comme les ouvrages précédents, ces cahiers sont une compilation de traits détachés ou d'anecdotes.

90. Chatrian, *Manuscrit d'un curé lorrain émigré*, in-4° de 132 et 262 pages. Recueil de pièces qui regardent surtout les événements politiques et religieux, de 1791 à 1802. M. Thiriet [1] a signalé les pièces relatives à la Lor-

1. *Ibid.* p. 34.

raine. Je signalerai, page 108, les pièces concernant le projet d'établir un séminaire français en Franconie (1796-1797).

91. Chatrian, *Recueil de plusieurs morceaux, anecdotes, manuscrits et pièces détachées*, à l'usage d'un prêtre émigré ; in-12 cartonné, de 118, 100 et 144 pages. Ce recueil est semblable au précédent. Signalons plusieurs lettres de Chatrian, entre autres une datée d'Epternach, janvier 1793, sur une association de prêtres émigrés en Allemagne, association commencée par l'initiative de l'abbé Galland, curé de Charmes ; une compilation sur les études en l'abbaye de Saint-Mathias de Trèves ; une liste chronologique des abbés d'Epternach ; un essai sur la vie de l'abbé Galland, qui a été publié, en 1867, par la *Semaine religieuse de Nancy*.

92. Copies de documents, dans diverses collections, en particulier dans les recueils intitulés : *Histoire ecclésiastique, recueil de pièces*, 2 volumes in-4°, et *Histoire ecclésiastique*, xviii° siècle, 19 volumes in-4°.

### 4. *Histoire générale ou civile de la Lorraine.*

93. *Le manuscrit* (prétendu) *de Wassebourg* ; in-12 sur papier, d'environ 300 feuillets. Il a été composé au milieu du xvi° siècle ; car toutes les dates s'arrêtent à cette époque. Ce manuscrit a été aux mains de Hugo, abbé d'Étival, qui a écrit sur la marge d'un cahier : « *Ceci est un abrégé de Jean de Bayon* », et sur un autre : « *Compilat auctore Wassebourg* ». Cette dernière note a persuadé à l'abbé Marchal que notre manuscrit est le manuscrit de Wassebourg, que possédait Hugo d'Étival, d'après Dom Calmet (*Bibliothèque lorraine*, col. 979), et même que c'est l'autographe de Wassebourg. L'abbé Marchal a en conséquence parsemé notre manuscrit de notes qui tendent à établir son sentiment. Il a même inscrit sur la couverture ce titre : « *Le manuscrit de Wassebourg, 1548* ». Cependant malgré une comparaison attentive de ce manuscrit avec l'ouvrage imprimé de Wassebourg, je n'y ai rencontré aucune page de cet auteur. A mon avis, l'abbé Marchal s'est donc mépris.

La plus grande partie de notre manuscrit est formée : 1° d'une chronique en latin, résumée de Jean Bayon ; 2° d'autres chroniques en français plus considérables, qui font l'histoire des rois de France et des ducs de Lorraine, depuis Pharamond jusque vers l'an 1539. L'auteur de l'une de ces chroniques paraît avoir aussi écrit une histoire des évêques de Verdun à laquelle il renvoie. Notre manuscrit est-il l'autographe de cet auteur inconnu ? Est-il formé de notes prises dans des ouvrages divers ? Je pencherais vers cette dernière hypothèse.

Notre manuscrit contient un autre ouvrage qui est transcrit de la même main (40 feuillets). Ce sont des règles en latin, écrites pour de jeunes religieux et de jeunes écoliers. Elles entrent dans des détails sur la vie privée, particulièrement dans les repas, qui les rendent extrêmement intéressantes. On y donne les règles à observer dans une bibliothèque formée de manuscrits et à laquelle tous avaient accès.

D'autres règles également en latin sur le même objet, mais beaucoup plus brèves, d'une écriture plus ancienne et sur un papier de plus petit format, ont été intercalées dans le volume (8 pages).

94. *Épitome de l'origine et succession du duché de Lorraine, composé par frère Jean Daucy, religieux observantin de Saint-François;* in-4° sur papier de 181 feuilles; couverture en parchemin, avec cette inscription au dos : *Jean d'Auxy.* La dernière date est 1552. En haut de pages laissées en blanc pour recevoir des notices, le transcripteur a inscrit les noms de Henri, de François et de Charles IV, ducs de Lorraine. Notre manuscrit est donc une copie postérieure à 1625, date où Charles IV reçut la couronne ducale. La bibliothèque de la ville de Nancy possède deux copies du même ouvrage, nᵒˢ 727 et 728 du catalogue imprimé [1].

95. *Les opérations des feus ducs de Lorraine,* commençant au duc Jean (1366); petit in-4° sur papier, de 139 feuillets (les feuillets 7 et 8 manquent), couvert en parchemin, copié en 1604 par Parisot. Il a été donné au Séminaire par l'abbé Marchal. Celui-ci s'en est servi sous la dénomination de copie *A,* pour l'édition critique de la *Chronique de Lorraine,* qu'il a publiée dans le *Recueil des documents sur l'histoire de Lorraine,* Nancy, 1860. Elle avait déjà été imprimée par Dom Calmet, dans son *Histoire de Lorraine,* 2ᵉ édition, Nancy, 1757, t. VII, Preuves, page 1. Cette chronique s'arrête à 1554. L'abbé Marchal (*ibid.*) l'attribue à Chrétien de Chatenoy, secrétaire du duc René II. La Bibliothèque de la ville de Nancy possède trois copies de cet ouvrage (nᵒˢ 740, 741 et 742). La bibliothèque de la *Société d'archéologie lorraine* en possède quatre (nᵒˢ 26-29).

96. Richer, *Chronique de Senones,* traduction française. Petit in-folio sur papier, de 246 pages. Écriture gothique qui paraît du commencement du xviiᵉ siècle. Couverture en parchemin. Cette traduction est la même que celle du manuscrit de la bibliothèque municipale de Nancy (nᵒ 543), publiée par Cayon, Nancy, 1842. Cependant notre traduction renferme quelques mots retranchés dans le manuscrit de la ville. Ainsi notre traduction commence :

1. Je renverrai aux manuscrits de la Bibliothèque de la ville de Nancy, d'après la numération du catalogue imprimé.

« Tout ce que par le saint Moyse et ce que par Josue *nous* a été écrit. »
Le mot *nous* n'est pas dans le manuscrit publié par Cayon. Notre manuscrit commence par ces mots qui ne sont pas non plus dans celui de la ville :
« La glorieuse vierge Marie veuillent guider le commencement de ce mien
présent traicté. » Notre manuscrit contient, comme celui de la ville, tous
les chapitres omis dans l'édition du texte latin de d'Achery (*Spicilegium*,
Paris, 1723, t. II, p. 603), ainsi que le chapitre 19 du 5e livre, qui n'est
pas dans le manuscrit du latin. Mais notre texte s'arrête aux mots : « à la
condition qu'ils la contribueraient. » Il ne renferme ni le chapitre 20, ni
le chapitre dernier, ni les tables qui sont dans le manuscrit imprimé par
Cayon. Peut-être est-ce parce que notre manuscrit est inachevé ; car les
pages 181 et 182 sont restées en blanc (chapitre 34 du livre 4), la pagination n'a pas été mise aux dernières pages et il restait du papier pour transcrire la table. — Le premier livre de notre manuscrit est divisé en 26 chapitres qui ne répondent pas entièrement à ceux de Cayon. Des notes et
références ont été ajoutées en marge par un lecteur.

97. *Journal de Dom Bigot,* successivement prieur de Longeville, de Saint-
Vincent, de Saint-Arnoul de Metz, puis abbé quinquennal de Saint-Airy de
Verdun. Ce journal relate, année par année, les événements qui se passèrent
en Lorraine, de 1633 à 1654. Notre manuscrit paraît l'autographe de l'auteur. Il se compose de 177 pages in-folio sur papier (il manque un feuillet
après la page 122) et se trouve au milieu d'un volume relié en veau (voir
n° 174), qui a été donné au Séminaire de Nancy par l'abbé Simon, curé de
Saint-Epvre. — Ce manuscrit a été annoté de diverses mains. Une main inconnue lui a donné le titre de *Journal de Dom Cassien* (Cassien est une
surcharge, qui a remplacé sans doute le mot Gabriel ; car tel est le véritable prénom de l'auteur) *Bigot.* L'abbé Lionnois et l'abbé Marchal l'ont
annoté en marge. Les bénédictins ont imprimé des extraits de ce journal
dans leur *Histoire générale de Metz*, Metz, 1775, t. III, p. 268-270.
L'abbé Lionnois (il nomme notre auteur D. Cassien Bidot) en a transcrit
aussi dans son *Histoire de Nancy,* Nancy, 1811, t. II, p. 247, et t. III,
p. 238. Enfin l'abbé Marchal a publié notre manuscrit dans le *Recueil
des documents sur l'histoire de Lorraine,* Nancy, 1869. Il en a pris aussi une
copie, qui est conservée à la bibliothèque de la *Société d'archéologie lorraine* (n° 246).

98. *Traité historique et critique sur l'origine et la généalogie de la maison
de Lorraine,* publié par (l'abbé Hugo d'Étival, sous le pseudonyme de) Ba-
léicourt, à Berlin, 1711 (supprimé par arrêt du parlement de Paris, du
17 décembre 1712). Notre exemplaire contient de très nombreuses additions

manuscrites de l'auteur, l'abbé Hugo, de son secrétaire Blanpain et de ses correspondants. Ces additions devaient être imprimées dans une seconde édition qui n'a point paru. La Bibliothèque de la ville de Nancy possède une copie (n° 743) de ces additions. Notre volume a été donné au Séminaire par l'abbé Marchal. Voir Digot, *Éloge historique de Charles-Louis Hugo*, dans les *Mémoires de la Société royale de Nancy*, 1842, page 166.

99. *Mémoire* très instructif concernant l'illustre reine et duchesse sœur *Philippe de Gueldres*, fait en l'abbaye de Sainte-Marie majeure de Pont-à-Mousson, le 27 mai 1721, pour le T. R. P. Hugo, abbé coadjuteur d'Étival, par le P. Rennel. Cahier autographe in-4° de 8 pages.

100. Hugo, abbé d'Étival, *René I*, duc de Lorraine. 1 cahier in-folio, autographe. Va jusqu'à 1437 (le cahier suivant qui allait jusqu'à 1453 est perdu) ; *Jean II*, duc de Lorraine, 2 cahiers autographes, avec six cahiers de preuves et pièces justificatives, dont cinq pour René I, et un pour Jean II. — La Bibliothèque de la ville de Nancy possède une copie de ces vies, de la main de Blanpain (n° 792). Cette copie est complète pour les textes, mais ne contient pas les preuves. Elle suit l'autographe pas à pas, mais s'en distingue par de nombreuses retouches. Cette copie renferme en outre, du même auteur, la vie de Nicolas, de René II et de Philippe de Gueldres, dont nous ne possédons ni l'autographe, ni aucune copie ; mais nous possédons les cahiers 2 et 3 des pièces justificatives de l'histoire de René II, copiées de la main de Blanpain (in-4°, p. 25 à 72). — *La Société d'archéologie lorraine* possède, comme la ville, une copie de l'ouvrage (n° 37).

101. Hugo, abbé d'Étival, *Antoine, duc de Lorraine* (1507-1525), 7 cahiers in-folio, dont les deux derniers de notes. — *Notes sur la vie de Charles III* (1587-1593), 1 cahier dépareillé. — *Charles III* (1545-1608) et *Henri II* (1608-1624), 1 même cahier in-folio. — Le tout est de la main de Hugo. Je ne connais aucune copie de ces vies.

102. Du Boulay. 1° *La vie et trépas des deux princes de paix, le bon duc Antoine et le saige duc François*; copie de l'ouvrage imprimé à Metz en 1547. Petit in-4° cartonné, de 199 pages.

103. *La Médaille* ou expression de la vie de Charles IV, duc de Lorraine, par un de ses principaux officiers, à son fils. Petit in-folio sur papier, de 572 pages. L'auteur de cette histoire est le président Canon. Voir D. Calmet, *Histoire de Lorraine*, 1re édition, Nancy, 1728, t. I, p. LXI. Ce manuscrit a été donné au Séminaire par l'abbé Marchal, qui a mis quelques

notes sur les premières pages. Il est relié en veau. On a imprimé au dos :
*Histoire de Charles IV par Mᵣ C.* — La bibliothèque de la ville de Nancy
possède une copie de cet ouvrage (n° 789).

104. Hugo d'Étival, *Histoire de Charles IV, duc de Lorraine et de Bar.*
Autographe de l'auteur, avec ratures et surcharges, en 10 cahiers de 40 à
50 pages, sur papier petit in-folio pour les cahiers 1 à 5, grand in-folio
pour les cahiers 7 à 10. Le cahier 6 (année 1653) manque.

Cet autographe est textuellement reproduit par la copie d'une écriture inconnue, qui est à la Bibliothèque de la ville de Nancy (n° 806). Cependant
cette copie commence par une introduction de 6 pages, qui n'est pas dans
l'autographe. La Bibliothèque de la ville d'Épinal renferme une autre copie
de la vie de Charles IV par Hugo (n° 159 du catalogue imprimé).

Nous possédons aussi un cahier de notes autographes de Hugo par années
(1644-1675). Ces notes ont été la préparation de l'ouvrage.

105. Copie de l'ouvrage précédent par Blanpain, secrétaire de Hugo.
In-folio sur papier, d'environ 280 pages. Reproduit le texte autographe,
avec de légères modifications. Ne contient pas l'introduction qui est en tête
du manuscrit n° 806 de la bibliothèque de la ville de Nancy.

106. Hugo, abbé d'Étival, *Histoire de Charles V, duc de Lorraine et de
Bar.* Autographe de l'auteur, avec ratures et surcharges, en 8 cahiers de
40 à 50 pages, sur papier grand in-folio, reliés plus tard en un volume.

Trois autres cahiers, en partie de la main de Hugo, contiennent les documents et pièces justificatives. On ne les a pas reliés avec l'ouvrage.

107. Copie de l'ouvrage précédent de la main de Blanpain, secrétaire de
Hugo, in-folio sur papier, d'environ 300 pages. Reproduit littéralement le
précédent, plus une préface de deux pages ; mais ne contient pas les pièces
justificatives, sinon des épitaphes composées pour Charles V, et un sonnet.
Il contient en outre deux sonnets qui ne se trouvent point dans l'autographe de Hugo.

La bibliothèque de la ville de Nancy possède une autre copie de cet ouvrage de la main de Blanpain (n° 825). Cette copie reproduit textuellement
la nôtre, mais sans aucun appendice.

108. *Lettres patentes des ducs de Lorraine* (1354-1634), in-4° sur papier,
de 377 feuillets sans la table, contenant 100 pièces dont une partie ont été
imprimées plus tard. Couverture en parchemin. En tête du volume se
trouve une table qui a été tenue à jour, à fait qu'on ajoutait des pièces. En

haut du 1er feuillet on lit : « En ce libvre sont plusieurs lettres en coppies des privilèges et de non préjudice, accordées par les Ducs de Lorraine à Messieurs des estats du dict pays comme aussi plusieurs résultats des dicts estats, titres et autres écritures contenues. » Toutes les pièces ont été écrites et sont certifiées conformes aux originaux, par Balthasar Houat, greffier des assises de Nancy. Les 63 premières pièces sont antérieures à 1600 et ont été transcrites en 1599. Le reste a été copié année par année jusqu'en 1634. La couverture portait primitivement : « Ce libvre... doit demeurer en la chambre..... Houat. » Cette inscription a été effacée et remplacée par cette autre : « Ce libvre appartient à Noble (?) Balthasar Houat, greffier des assises de Nancy, 1632. » Elle est suivie de cette 3e inscription : « Je l'ai acheté de ses héritiers, avec d'autres. Ant. de Bourcier (?) »

109. *Ordonnances des ducs de Lorraine* (xv°, xvi° et xvii° siècles). 2 volumes in-folio, de 534 et 540 feuillets, terminés par des tables et reliés en veau Ont appartenu à M$^{gr}$ de Camilly, évêque de Toul, à M$^{gr}$ Drouas, évêque de Toul, à M. Brouver, archidiacre, à M. Riston, puis à l'abbé Marchal, qui les a donnés au Séminaire.

110. 1° *Commentaire sur la coutume de Lorraine*, par M. de Mahuet, premier président en la Cour souveraine de Lorraine et Barrois (rédigé au commencement du xviii° siècle), in-8° carré sur papier, de 529 pages. — 2° *Notes et observations* de M. Mathieu de Moulon *sur la coutume générale de Lorraine* (rédigé vers 1730), in-8° carré sur papier, de 80 pages. — Les deux ouvrages sont reliés en un même volume cartonné. Le premier se trouve aussi à la bibliothèque de la ville de Nancy (n° 100) et à celle de la *Société d'archéologie lorraine* (n° 68).

111. *Nobiliaire de Lorraine*, in-8° carré sur papier, de 203 feuillets, relié en veau, écrit en 1717. A appartenu à M. Thibaut, conseiller d'État, procureur général à la Chambre des comptes, puis à M. Sirejean, maître des comptes. Il contient : F. 1. Rôle de tous les annoblis des duchés de Lorraine et Barrois, créés par les ducs René d'Anjou et autres jusqu'au présent régnant Charles IV (1425-1634). — F. 23. Annoblis par les évêques de Metz, Toul et Verdun (1477-1581). — F. 24. Ceux qui se qualifient écuyers au Bailliage de Saint-Mihiel. — F. 25. Rolle des nobles qui ont été déclarés gentilshommes par Charles III, Henri II, Charles IV (1588-1634). — F. 26. Recueil des seigneurs de l'ancienne chevalerie. — F. 29. Édit du grand duc Charles III, touchant les nobles, 1573. — F. 31. Rolle des nobles de Lorraine dont les lettres ont été vérifiées et enregistrées en la Chambre des comptes de Nancy depuis l'an 1573, avec les armes blasonnées

de chacun, tiré par abrégé sur les registres de ladite chambre, par le S$^r$ Claude Cachet, écuyer, auditeur et greffier d'icelle (1670). — F. 68. Suite des nobles de Charles IV (1670-1675), de Charles V (1676-1681), de Léopold I (1698-1716). — F. 109. Recueil des seigneurs et principales maisons de noblesse de Lorraine, avec leurs armoiries blasonnées, selon l'ordre alphabétique. — F. 116. Registre, par ordre alphabétique, des nobles dont les lettres ont été enregistrées en la Chambre des comptes de Lorraine de 1573 à 1670, signé Cachet. — F. 120. Traités du blason. — F. 131. Extrait du registre qui est au trésor de Nancy, touchant la recherche des nobles et gentilshommes tant du Barrois Saint-Mihiel (*sic*) faite par le héraut d'armes Commercy, par ordre de S. A. S. et des assises et mis par ordre alphabétique par Claude Charles, héraut d'armes de Lorraine et Barrois, avec les blasons des armes. — F. 167. Recueil des armes et blasons des meilleures et plus nobles familles de Lorraine, tant éteintes que de celles qui existent et de celles qui sont par alliance.

112. *Nobiliaire de Lorraine.* In-8° carré sur papier, d'environ 600 pages, relié en veau. Transcrit vers 1743, avec additions postérieures jusqu'en 1754. A appartenu à M. Sirejean, maître des comptes.

Il contient : 1° Remarque sur la noblesse de Lorraine. — 2° Réflexions sur l'État et qualité de la noblesse des duchés de Lorraine et de Bar, terminé par cette observation en marge, de la même écriture que le reste : « Je crois M. Léonard Bourcier, mort premier président, autheur du présent mémoire. C'est de M. le procureur général son fils que je l'ai eu. Décembre 1744. » — 3° Notes sur la noblesse. — 4° Anciennes maisons des gentilshommes de l'ancienne chevalerie et de leurs alliés (par ordre alphabétique). Origine et armoiries de chaque maison. — 5° Annoblis de la Lorraine par ordre alphabétique, avec le nom, prénom, emploi et résidence de celui qui a reçu les lettres d'annoblissement. — 6° Liste (alphabétique) des nobles déclarés gentilshommes par les ducs Charles III, Henri II, Charles IV, Léopold I et François III, ensemble de ceux qui ont été déclarés barons, comtes, marquis, et des terres érigées en baronnie, comté, marquisat, avec leurs blasons et dattes des patentes.

113. *Nobiliaire de Lorraine.* In-8° carré sur papier, de 244 pages, relié en parchemin. A appartenu à M. Sirejean.

Après la liste des villes, bourgs et offices de Lorraine et Barrois, avec le nombre des villages qui en dépendent, ce volume contient les mêmes recueils de nobles et annoblis que les deux précédents. La rédaction primitive se terminait à 1681. Elle a été complétée de la même main, par une liste des annoblis de Léopold I (1698-1716). Ch. Sirejean, propriétaire du manuscrit, a marqué qu'il était petit-fils de Henry-Gabriel Sirejean, valet de chambre de son Altesse royale, annobli en 1712.

114. *Rôle* (par ordre de date) *des annoblis* par les ducs de Lorraine (1588-1737), par les évêques de Metz, Toul et Verdun (1476-1583) et de ceux qui se qualifient écuyers au bailliage de Saint-Mihiel et ont été reconnus en 1573. Cahier in-folio de 12 pages.

115. *Assemblées provinciales.* 1 volume in-folio cartonné, d'environ 300 pages. Il contient : 1° une lettre du 1er décembre 1787 sur l'assemblée provinciale de Nancy ; 2° les procès-verbaux (copie authentique) des séances de l'assemblée du district de Nancy, tenues en l'hôtel de ville, du 13 au 28 octobre 1788, sous la présidence de M$^{gr}$ de la Fare, évêque de Nancy, pour préparer les questions à résoudre par les États généraux ; 3° les procès-verbaux (copie authentique) des séances tenues à même fin, en l'hôtel de ville de Nancy, le 27 novembre et le 2 décembre 1787, par l'ordre du Tiers-État, convoqué par Messieurs les conseillers municipaux ; 4° des mémoires sur les matières traitées, en particulier sur les droits de la foraine ; 5° les adjudications des routes en 1788 ; 6° des lettres écrites au sujet de l'assemblée du district de Nancy, en particulier à M$^{gr}$ de la Fare ; 7° plusieurs croquis des lettres et discours de ce prélat, corrigés de sa main. La présence de ces croquis autographes donne lieu de penser que ce registre lui a appartenu.

116. *Pièces diverses se rapportant aux élections aux États généraux de 1789, en Lorraine.* 1 volume in-folio relié, d'environ 300 pages. 1° Procès-verbaux des séances et délibérations de l'ordre du clergé des bailliages de Nancy (original), Lunéville (copie authentique), Blamont (original) et Nomeny (original). — 2° Procès-verbal de l'assemblée générale des trois ordres du bailliage royal de Rozières et pouvoirs à Messieurs les députés (copie authentique). — 3° Procès-verbaux de l'assemblée générale des trois ordres du bailliage de Lunéville (copie authentique) et du bailliage de Vézelise (copie authentique). — 4° Procès-verbal de l'assemblée de réduction, tenue par les députés du clergé des bailliages de Nancy, Lunéville, Vézelise, Blamont, Rozières et Nomeny, en l'hôtel de ville de Nancy, le 6 avril 1789. — 5° Les cinq cahiers (original) des demandes, doléances et remontrances du clergé séculier et régulier de chacun des bailliages de Nancy, Lunéville, Blamont, Nomeny et Vézelise.

M. l'abbé Jérôme, professeur au Séminaire, va publier ces cinq cahiers dans les *Annales de l'Est.*

117. *Cahier des vœux, doléances et remontrances du clergé du bailliage de*

*Vic*, 18 mars 1789, avec les signatures. Copie de Chatrian ; 4 pages in-folio. — Ce cahier a été publié, sans les signatures, par Mavidal et Laurent, dans les *Archives parlementaires*, 1ʳᵉ série, t. VI.

118. Procès-verbal dressé le 23 décembre 1817, pour établir par divers témoignages où ont été déposés les restes des princes de la famille de Lorraine, exhumés pendant la Révolution de la chapelle Ronde ou de l'église de l'abbaye de Bosserville, et en 1811 de l'ancienne église des Minimes de Nancy. Cahier in-folio de 20 pages. Le commencement manque. Ce procès-verbal fut le premier des actes qui aboutirent en 1826 à la réintégration de ces restes dans le caveau ducal.

119. Chatrian, *Notice alphabétique des Lorrains et Évêchois* qui ont quelque droit à avoir place un jour dans le Dictionnaire historique portatif des hommes illustres de Lorraine, 1781. In-12 cartonné, de 354 pages. 193 notices, avec des notices supplémentaires.

120. Chatrian, *Opuscules historiques*, 1812. Cahier in-12, de 28 pages. Notices sur Chaurand, Blanpain, Halanzier, tous trois nés à Lunéville.

121. Chatrian. Notices biographiques diverses, qu'il avait écrites sur des feuilles volantes ou dans des livres imprimés. Les unes ont été groupées, les autres sont dispersées dans ces livres. Indiquons les notices de Thirion, médecin à Toul, de Dom Mougenot, de Contault et Chassel, avocats à Nancy, de Mˢʳ de la Galaisière, de M. Jacquemin, maître de pension à Lunéville, de l'abbé de Lupcourt, vicaire général de Nancy, de Marquet, bibliothécaire à Nancy, tous, ses contemporains.

122. Chatrian, *Opuscules historiques*. 1 volume in-12, relié en veau, de 385 pages. Outre l'histoire de l'abbaye de Remiremont de Dom Georges (nᵒ 175), ce recueil contient : 1ᵒ Éclaircissement au sujet de deux discours prononcés à l'Académie de Nancy (20 octobre 1760 et 8 janvier 1761), par M. le comte de Tressan (45 pages). Chatrian reproduit ces discours, ainsi que 12 lettres échangées à leur occasion, entre le comte et la comtesse de Tressan, Mˢʳ Drouas, évêque de Toul, le duc de la Vauguion et l'abbé Montignot. — 2ᵒ Relation de la mort de l'abbé Bailly de Pont-à-Mousson, sous-diacre au Séminaire de Toul, décédé en 1781, à l'âge de 23 ans (103 pages). Cette relation avait pour auteur. M. Richard, chanoine de Saint-Pierre de Bar.

123. *Observations sur le temps et les récoltes*, faites à Jouy-sous-les-Côtes

(Meuse), par François Parisot, vigneron. Copie prise sur l'original, en 1889, par M. l'abbé Saunier, curé de Trondes. Cahier in-folio de 30 pages.

Les observations personnelles à l'auteur vont de 1770 à 1814. Il y mêle des remarques sur les événements politiques et religieux du temps.

124. Documents divers sur la Lorraine. *Usages et croyances.* Recueil in-12, de 120 feuillets (avec nombreuses intercalations), moitié manuscrits, moitié imprimés. Relate des usages et des croyances de la Lorraine. Il a été fait vers 1860, et acheté en 1883, chez un bouquiniste de Nancy, par M. Thiriet, professeur au Séminaire.

### 5. *Histoire des institutions religieuses de la Lorraine.*

125. De l'Aigle, *Mémoire pour servir à faire l'histoire des évêques de Toul*, par M. de l'Aigle, grand archidiacre de Toul (1690-1733). Transcrit en 1884, sur l'original qui se trouve à la cathédrale de Toul et que M. l'abbé Guillaume avait dans sa bibliothèque. Cahier petit in-4°, relié en toile, de 124 pages.

126. Le Moine, *Annales de l'Église de Toul* depuis l'an 1295 à 1760, recueilli et extrait fidèlement des délibérations capitulaires de l'Église de Toul, par Le Moine, archiviste et secrétaire du chapitre, 1761. 10 feuillets in-folio détachés, se rapportant aux années 1295, 1298 et de 1437 à 1485. Se trouvaient dans les papiers de l'abbé Guillaume (n° 233).

127. *Extraits des registres de la Cour souveraine de Lorraine et Barrois.* Onze arrêts, dont 8 manuscrits sur papier in-folio. Les cinq premiers (1662-1669) cassent des sentences de l'officialité de Toul. Le 6° (1701) fait défense de répondre à une assignation de cette officialité. Le 7° (1704) est une permission de mettre à exécution une assignation devant la même officialité. Le 8° (1719) annule un jugement de l'officialité de Trèves au sujet des comptes du Sr Houillon, curé de Pierpont (Pierrepont est dans la partie de la Lorraine, qui appartenait au diocèse de Trèves).

128. *Suite des différents de Monsieur l'Évêque de Toul avec Mr le Duc de Lorraine sur la juridiction ecclésiastique.* Cinquième partie contenant ce qui s'est passé depuis 1718 jusqu'au mois de janvier 1723 et principalement contre l'érection d'un évêché dans Saint-Dyé. In-4° relié en veau, d'environ 800 pages. Ce volume était précédé de quatre autres qui sont perdus. Il s'arrête à la fin de l'épiscopat de Mgr Blouet de Camilly, à Toul. Il porte pour *ex-libris* les armes de son successeur, Mgr Bégon, évêque de Toul.

129. *Suite des démêlés entre le Prince de Lorraine et M. l'Évêque de Toul* (1723-1730). In-4° relié en veau, d'environ 800 pages. Il continue le précédent et porte également pour *ex-libris* les armes de Mᵍʳ Bégon qui était évêque de Toul, à l'époque dont il s'agit. Les démêlés ont pour objet principal les relations avec l'abbé d'Étival (pour lors Hugo, voir le n° 130 qui suit). Le volume se termine par un *mémoire* de 224 pages, *sur le duché de Bar*. Ce mémoire tend à établir la dépendance du Barrois vis-à-vis de la France. Il se rattache au reste du volume, parce que les démêlés des ducs de Lorraine avec les évêques de Toul venaient presque tous de ce que les évêques de Toul étaient sujets du roi de France et préféraient ses intérêts à ceux des ducs.

130. *Manuscrit concernant l'abbé Hugo d'Étival.* Correspondance de Hugo d'Étival au sujet de ses démêlés avec l'évêque de Toul (voir n° 129), du 15 novembre 1724 au 1ᵉʳ mai 1727. — Quelques imprimés mêlés de nombreuses copies de lettres. 1 volume in-4° cartonné, d'environ 500 pages. — La bibliothèque de la ville de Nancy possède un recueil semblable (nᵒˢ 539 et 540).

131. Villemin, *Essai sur la vie de Mᵍʳ Drouas*, évêque et comte de Toul (1754-1773), rédigé par son ancien secrétaire, M. Villemin, curé de Vallois, et remis par lui, le 18 juin 1790, à M. Camus, chanoine et vicaire général de Nancy. 1 cahier in-4° cartonné, de 99 pages. Donné au Séminaire par M. le chanoine Charlot, qui a ajouté quelques notes au manuscrit. — La bibliothèque de la ville de Nancy possède une copie de cet ouvrage (n° 971). La Société d'archéologie lorraine en possède deux (nᵒˢ 182 et 183).

132. *Documents pour l'histoire du chapitre et de la cathédrale de Toul.* Liste des chanoines de la cathédrale de Toul (au nombre de 291), décédés de 1407 à 1790, avec la date de leur décès. — Liste des aumôniers de la cathédrale (au nombre de 38), de 1541 à 1784. — Liste des maîtres de fabrique de la cathédrale (au nombre de 27), de 1563 à 1783. — Extrait des registres du chapitre sur toutes sortes d'événements (24 octobre à 17 novembre 1625) et particulièrement au sujet des distributions faites aux chanoines pour présence au chœur (1518 à 1657). — Orgue de la cathédrale (1596, 1598, 1650, 1740, 1755). — Revenus et service des chapelles de la cathédrale (15 février 1764). — Pétition des habitants du faubourg de la Paix de Toul demandant pour curé, M. Alaidon, ancien curé de Saint-Pierre de Toul, et réponse de ce dernier (1802).

Ces documents étaient dans les papiers de M. l'abbé Guillaume (n° 233).

Il a publié la pétition des habitants du faubourg de la Paix, dans les *Mémoires de la Société d'archéologie lorraine*, 1879, page 16.

133. *État de l'Église de Toul*, commencé par M. Antoine Dumesnil, chanoine et archidiacre de Port, qui a été chanoine pendant 74 années, est mort le 20 juin 1746, continué depuis 1746. Cahier in-4° de 47 feuillets. Renseigne sur la suite des titulaires de chaque canonicat et de chaque dignité du chapitre de Toul, depuis 1685 jusqu'à 1775. Des notes additionnelles de M. l'abbé Charlot complètent ces renseignements jusqu'à 1789.

Une copie de ce manuscrit, faite par M. l'abbé Charlot en un cahier in-8° cartonné, se trouve également à la bibliothèque du Séminaire.

134. *Directoire des offices de Saint-Gengoult*, église collégiale de la ville de Toul. Petit in-4° relié en veau, de 86 pages encadrées d'un filet noir. Indique jour par jour les cérémonies et usages particuliers à la collégiale Saint-Gengoult de Toul. Le texte raconte des particularités des années 1732 à 1738. Quelques additions relatent ce qui s'est fait de 1742 à 1752. Le volume a donc été écrit vers 1740 et il a été en usage pendant les 15 années suivantes. A appartenu vers 1840 à une famille Chilli, de Toul.

135. *Règlement du Séminaire de Saint-Claude* (de Toul), observé du 1er novembre 1770. Cahier in-folio de 21 feuillets. — Il est suivi d'une feuille double formant tableau et intitulé : *Fautes à éviter par les pensionnaires et écoliers externes du Séminaire de Saint-Claude*, 1787.

136. Delalle. *Notes sur les institutions et détails biographiques sur les ecclésiastiques à Toul à l'époque de la Révolution*, par l'abbé Delalle, curé de la cathédrale de Toul, mort évêque de Rodez (n° 225). Ce manuscrit comptait 41 feuillets in-4°, contenant chacun quatre colonnes d'écriture. Les 29 premiers et le 31e manquent. Les détails biographiques commencent à la 1re colonne du feuillet 32 ; ils sont donc complets.

137. *Liste alphabétique des prêtres du diocèse de Nancy en 1786,* avec des notes biographiques. 1 volume grand in-folio cartonné, de 46 feuillets.

138. *Lettres de Mgr de la Fare* et de ses vicaires généraux, MM. Mollevaut, Jacquemin et Charlot, pendant la Révolution, pour l'administration du diocèse de Nancy. 50 lettres environ, écrites surtout de 1799 à 1802. Les lettres de Mgr de la Fare sont des copies en plusieurs exemplaires. Celles de M. Mollevaut, qui signait *Gabriel* ou *Poirel,* et de M. Jacquemin, qui signait *Dupré,* sont autographes. M. Charlot a signé quelques-unes de ces

pièces, en se servant du pseudonyme de *Lochart*. (Voir Mangenot, *M<sup>gr</sup> Jac-quemin*, Nancy, 1892, page 82.) On a ajouté quelques autres lettres du temps, et des lettres écrites en 1814 par M<sup>gr</sup> de la Farc à M. Jacquemin.

139. *Lettres du cardinal de Boisgelin* à M<sup>gr</sup> Osmond, évêque de Nancy, 1802-1804. 7 lettres autographes, où les actes de l'administration de M<sup>gr</sup> Osmond sont appréciés et même critiqués avec beaucoup de franchise.

140. *Registre d'information* ou *État des prêtres séculiers et réguliers* domiciliés dans l'étendue du diocèse de Toul et des anciens doyennés de Commercy, Robert-Espagne, Belrain, Prény, avec des notes (1802). 1 volume in-folio cartonné, de 56 feuillets. Cet état est fait en deux ou trois cahiers différents, avec des notes différentes et par des mains différentes, pour les mêmes personnes. Il y a des annotations en marge. — Ces dossiers ont été composés par les provicaires généraux de Toul, pour préparer le travail de la réorganisation des paroisses qui suivit le Concordat.

141. *Tableau de MM. les ecclésiastiques employés dans les succursales du canton de Darney*, arrondissement communal de Mirecourt, ou non employés dans le canton, ledit tableau dressé en exécution de l'article 38 du règlement pour l'organisation et l'administration du diocèse de Nancy (1802). Cahier in-folio de quatre feuillets, où chaque prêtre a rédigé et signé sa notice, après avoir reçu son poste de M<sup>gr</sup> Osmond.

142. *Nancy, affaire des doyens et des synodes.* In-folio cartonné, d'environ 300 pages, contenant une série de pièces. L'ancien diocèse de Toul était divisé en doyennés ruraux, dont les curés tenaient des synodes et élisaient un doyen. Celui-ci possédait divers droits, en particulier celui d'assister aux synodes généraux présidés par l'évêque. En 1773, M<sup>gr</sup> Drouas, évêque de Toul, avait obtenu du roi une lettre qui supprimait les synodes décanaux. Les curés avaient adressé une députation à Paris pour obtenir la révocation de cet édit, révocation qui leur fut accordée en 1775, à la demande de M<sup>gr</sup> de Champorcin, successeur de M<sup>gr</sup> Drouas. Peu après, en 1778, le diocèse de Toul fut démembré pour former deux nouveaux diocèses, ceux de Nancy et de Saint-Dié. Dans ce démembrement, plusieurs doyennés avaient été partagés. Le nouvel évêque de Nancy, M<sup>gr</sup> de la Tour du Pin Montauban, s'abstint de reconstituer des doyennés. Il divisa son diocèse en simples cantons. Il convoqua un synode général, sans y inviter le doyen (reconnu précédemment par l'évêque de Toul) du doyenné de Port, M. Grandjean, curé d'Amance. Le titre de doyen fut même refusé à ce dernier en diverses circonstances. L'abbé Grandjean, à la suite d'une

série d'actes, obtint un arrêt du Conseil d'État du Roy, du 31 mai 1782, qui évoquait la question à ce Conseil. Ce sont toutes les pièces relatives au procès de l'abbé Grandjean, jusqu'à cet arrêt inclusivement, qui sont contenues dans notre volume. On y a inséré également une pièce de 8 pages in-folio, adressée à M$^{gr}$ de la Tour du Pin, par le clergé de Nancy en 1779 et intitulée : *Représentation à M$^{gr}$ l'évêque de Nancy à l'occasion de la suppression des synodes.* — On laissa tomber cette affaire sous l'épiscopat de M$^{gr}$ la Tour du Pin et sous celui de M$^{gr}$ de Fontanges. Mais par une lettre circulaire du 16 avril 1789, M$^{gr}$ de la Fare manifesta spontanément le désir de rétablir les synodes.

Dans notre recueil des mandements de Nancy, cette circulaire est suivie d'une lettre adressée à ce sujet à M$^{gr}$ de la Fare par l'abbé Guilbert (nº 218).

143. Recueil de pièces diverses, fait à Vienne en Autriche en 1804, par M. l'abbé Jacques, ancien curé de Franconville et secrétaire de M$^{gr}$ de la Fare. Ce recueil contient en particulier des renseignements sur la conduite, la situation et le sort des prêtres du diocèse de Nancy, pendant la Révolution. In-4º cartonné de 387 pages. Vient de M. le chanoine Charlot.

144. *Lettre du R. P. Lalande* (évêque constitutionnel de la Meurthe) à *Messieurs les curés de Nancy* et *réponses de Messieurs les curés.* In-12, relié en veau. A la suite de ces lettres, se trouvent diverses copies de chansons, morceaux et récits qui s'arrêtent à 1822. Le volume se termine par une liste de 6 sœurs de Saint-Charles, et de 11 sœurs de la Doctrine chrétienne, nées à Rosières.

145. *Acta et decreta synodorum Virduni celebratarum* per R. P. D. D. Nicolaum Psalmeum Ep. et Com. Virdunensem, 1549, 1554, 1557, 1559, 1560, 1561, 1564, 1565, 1562, [in synodis archipresbiteralibus quas calendas vocant], 1566, 1567, 1570, 1568, 1571, 1572, 1573, 1574. *Visitatio diœcesis Virdunensis* (1556). In-folio sur papier, d'environ 200 pages de diverses écritures. — Les 18 premières pages manquent. Quelques statuts, une explication de la messe et une profession de foi en français ont été ajoutés. — Nicolas Psaume assista et se fit remarquer au concile de Trente en 1551 et 1563 (nº 146.)

146. *Statuts anciens du diocèse* (de Verdun); collection in-32, en partie manuscrite, en partie imprimée. 1º *Statuts* promulgués en 1507 par Warry de Dommartin, évêque de Verdun. Ils sont imprimés en 78 feuillets dans notre volume, bien que Hugo, abbé d'Étival, qui les a réédités dans ses

*Sacræ antiquitatis monumenta,* Saint-Dié, 1731, t. II, p. 473, semble croire qu'ils étaient inédits avant lui. — 2° Statuts de Nicolas Psaume, en 217 feuillets, imprimés en fascicules séparés pour les années 1561, 1562, 1566, 1567, 1570, 1571, 1572, 1573, 1574, 1575, manuscrits pour les années 1549, 1550, 1553, 1554, 1557, 1559, 1560, 1562, 1564, 1565, 1568. — 3° Statuts de Verdun de 1599, 1611, 1616, 1678 (imprimés).

Cette collection a été (en s'augmentant) la propriété successive de l'évêque Psaume, de Jean Bousnard, neveu de l'évêque du même nom, de Jacques, Bournon, chanoine et official de Verdun, de Jean Régin, curé de La Marre, mort peu avant 1667, de Nic. Fr. Pulchrone Sauvage, chanoine secrétaire de l'évêché de Verdun en 1726 (n° 145).

147. *Listes des étudiants et des gradués de la faculté de Théologie de Nancy,* de 1769 à 1791. Registre in-folio de 50 pages remplies, le reste en blanc ; couverture en parchemin.

148. *Cartulaire des titres et papiers appartenant à la maison des Missions royales de Nancy,* suivi de *Copie des titres et papiers concernant la fondation du prieuré de Lay-Saint-Christophe, ainsi que sa réunion à la maison des Missions royales de Nancy,* commençant par l'histoire de ce prieuré (n° 149). In-folio sur papier, d'environ 1,200 pages, relié en veau. — L'ancienne maison des Missions royales était le Séminaire de Nancy, avant la Révolution. Elle a été rendue à sa destination en 1804. Son cartulaire contenait les titres de l'ancien prieuré de Lay-Saint-Christophe, parce que ce prieuré avait été uni à la maison des Missions royales.

149. *Pièces relatives au Prieuré de Lay-Saint-Christophe* (n° 148). 1° Trois registres in-folio relatant les droits du prieur, en particulier à Lay-Saint-Christophe, Eulmont et Velaine-sous-Amance, l'un de 1590 (de 102 feuillets, dont quelques-uns manquent), le 2e de 1592 (de même étendue, très endommagé), un 3e de 1606 (de 110 feuillets) incomplet. — 2° Un inventaire des titres et papiers du prieuré, dressé le 1er juillet 1748 (les trois registres indiqués plus haut étaient déjà dans le même état qu'aujourd'hui). — 3° Redevances en 1789, 3 cahiers in-folio. — 4° Pièces diverses du xviii° siècle.

150. *Comptes du supérieur du Séminaire de Nancy en 1785.* Dossier d'une vingtaine de pièces.

151. *Copie de l'inventaire des titres et pièces concernant l'établissement de la maison des Missions.* In-folio de 41 feuillets, sans date. Le bas des pre-

miers feuillets est déchiré. Cet inventaire fut dressé, lorsque le Séminaire fut fermé, à la Révolution.

152. *Procès-verbal d'adjudication des jardins allant à Nabécor*, 22 mars 1792. Ces jardins qui dépendaient du Séminaire furent vendus en 1792 et rachetés en partie après la Révolution.

153. *Pièces relatives au grand Séminaire de Nancy, après la Révolution.* — Règlement pour l'administration temporelle du Séminaire, 1806. — Règlement du Séminaire diocésain de Nancy, 1807. — Restitution du buste en marbre de Stanislas, 1814. — Nécrologe des bienfaiteurs et bienfaitrices du Séminaire de Nancy, dressé par M. Michel, en 1824. — Lettres du préfet de la Meurthe, du maire de Nancy et du ministre des cultes, au sujet du sac et de la fermeture du Séminaire en 1830 et 1831. — Thèses présentées pour le baccalauréat et la licence en théologie, à la commission établie en 1865 par Mᵍʳ Lavigerie pour conférer ces grades. — Lettres reçues par M. Bridey, supérieur du Séminaire (1877), de divers supérieurs de Séminaires, au sujet d'un indult obtenu à même fin par Mᵍʳ Foulon, mais qui n'a pas été mis à exécution.

154. *Registre des élèves* du Séminaire, par années de naissance, de 1789 à 1823, avec le lieu de naissance, le lieu des études, la classe qu'ils suivent, l'époque de leur vocation, la profession et le domicile des parents. Grand in-folio cartonné, commencé en 1808. — Ce registre était ainsi disposé pour fournir des certificats qui assuraient aux séminaristes l'exemption militaire obtenue par Mᵍʳ Osmond en 1808. Les élèves du grand Séminaire de Nancy suivaient des cours de théologie, de philosophie, de littérature et de latinité (nº 228). Plusieurs des élèves inscrits faisaient leurs classes de latinité dans leur paroisse natale ou dans d'autres établissements.

155. *Registre des élèves et des ordinations du grand Séminaire de Nancy* (1832-1848), avec la date et le lieu de naissance, ainsi que le nom des confesseurs. Registre in-folio de 45 feuillets. Les rhétoriciens sont encore inscrits sur cette liste en 1832-1833. A partir de 1833-1834, il ne s'y trouve plus que des théologiens et des philosophes.

Les autres registres des élèves et des ordinations sont dans les appartements de M. le supérieur du Séminaire.

156. *Compte des économes* du grand Séminaire de Nancy, de 1804 à 1863. 47 cahiers in-folio, dont les 41 derniers avec une couverture. — Les

comptes de 1807, 1810-1817, 1820, 1824 et 1827 manquent. Ceux de 1861 et 1862 sont en deux exemplaires, dont un seul est approuvé.

157. Pièces relatives à la ferme de Brichambeau (donnée au Séminaire après la Révolution par M^{lle} de Vattronville). 46 pièces sur parchemin, dont la première de 1580, et 60 pièces sur papier, dont un inventaire et dépouillement des titres concernant le fief de Brichambeau depuis le 19 février 1551 jusqu'au 29 juillet 1659. — Ce dossier renferme en outre des pièces relatives à une ferme que le Séminaire possédait à Toul.

158. *Procès-verbaux des conférences ecclésiastiques de Nancy* tenues au Séminaire de 1840 à 1847. — Ces conférences étaient faites par les vicaires généraux, les chanoines, le supérieur et les professeurs du Séminaire et par les principaux ecclésiastiques de Nancy. Elles devaient être suivies par tous les ecclésiastiques de la ville, au nombre de 69. 20 à 30 y assistaient habituellement.

159. *Conférences ecclésiastiques du canton nord de Lunéville,* tenues en 1838. Cahier in-12 de 37 feuillets, couvert en parchemin.

160. Thiriet, *Notes historiques et descriptives sur le Séminaire de Nancy,* primitivement Séminaire (ou maison) des Missions Royales, par H. J. Thiriet, prêtre directeur audit Séminaire, et notes complémentaires sur les maîtres de la maison (1739-1885). 2 cahiers in-4°, le premier de 109 feuilles, le second sans pagination. — M. Thiriet a publié une partie des renseignements consignés ici, dans son *Histoire du Séminaire de Nancy jusqu'à la Révolution,* 1889.

161. *Copia Bullarum insignis collegiatæ Ecclesiæ Primatialis nuncupatæ in oppido novo Nanceii erectæ* a Clemente VIII, 15 martii 1602. Cahier in-folio. Il n'en reste qu'une pièce en 31 pages. C'est une copie faite, en 1683, de la bulle d'érection de la primatiale de Nancy, avec procès-verbal de sa fulmination.

162. *Documents pour l'histoire de la cathédrale de Nancy.* — Bulle de Léon XII accordant aux évêques de Nancy le titre d'évêques de Nancy et de Toul (20 février 1824). — Réparation de l'orgue de la cathédrale (1824, 1837). — Installation de M^{gr} Donnet, comme coadjuteur de Nancy (12 juin 1835). — Acquisition des bâtiments de la maîtrise de la cathédrale. Ces documents se trouvaient dans les papiers de M. l'abbé Michel (n° 221).

163. *Carthulare insignis abbatiæ Gorziensis.* Ce cartulaire a été décrit

par M. Henri d'Arbois de Jubainville, qui en a publié six diplômes inédits (*Bulletin de la Société d'archéologie lorraine*, 1852, p. 253). M. Robert Parisot, qui l'a étudié aussi, a bien voulu me signaler les différences qui le distinguent d'un cartulaire de Gorze du XIIe siècle, conservé à la bibliothèque municipale de Metz et décrit par M. de Saulcy (*Documents historiques inédits* publiés par M. Champollion-Figeac, t. II, Paris, 1843, 2e partie, p. 121). Il existe encore à la bibliothèque municipale de Metz un autre cartulaire de Gorze du XVIIIe siècle.

Le cartulaire de Nancy est un grand in-folio sur papier, relié en veau et écrit au XVe siècle. Un numéro en chiffres romains de majuscule gothique, placé au milieu du verso de chaque feuillet, à la marge extérieure, et se rapportant à ce verso et au recto du feuillet suivant, marque la pagination. Le manuscrit avait 149 feuillets écrits ; mais le 1er, le 74e, le 75e et le 76e ont disparu. Peut-être avait-il aussi une table sur les feuillets qui ont été arrachés après le 149e. Pendant que le cartulaire de Metz du XIIe siècle range tous les actes dans l'ordre chronologique, sauf quelques inversions vers la fin, le cartulaire du Séminaire de Nancy suit l'ordre topographique. Il est divisé en sept parties. La première contient 33 documents qui concernent les droits généraux de l'abbaye ; les six autres sont précédées chacune d'un titre français formé par une énumération de localités ; elles se composent soit des chartes qui établissent les droits de l'abbaye dans ces localités, soit de renvois à ces pièces quand elles se trouvent déjà copiées dans une autre partie. Ainsi la première de ces six parties a pour titre : *Onville, Waville, Villecet, Burey, Herbuefville, Soiron ;* elle contient 95 pièces. — Le cartulaire entier contient 328 pièces, c'est-à-dire 114 de plus que le cartulaire du XIIe siècle.

Le titre qui se trouvait au premier feuillet fait défaut ; il a été suppléé par Hugo, abbé d'Étival. Une main inconnue et M. l'abbé Marchal ont indiqué par des notes marginales, plusieurs des pièces publiées. La plupart paraissent inédites. (Voir n° 172.)

**164.** *Registres pour les professions* des prémontrés de Sainte-Marie-Majeure de Pont-à-Mousson, 1661 à 1704, 1720 à 1736, 1737 à 1776, 1777 à 1789. 4 vol. in-folio sans pagination, reliés, le 1er en peau de chèvre, le 3e en veau, le 2e et le 4e en parchemin. Des feuilles ont été arrachées au dernier volume, avant et après la dernière page écrite.

**165.** *Liste des professions faites à l'abbaye des prémontrés de Sainte-Marie-Majeure de Pont-à-Mousson,* dressée par l'abbé Charlot. 3 feuilles in-folio. Cette liste a été dressée d'après les trois premiers registres mentionnés à l'article précédent ; car elle va de 1661 à 1776, avec une lacune de 1704 à 1720.

166. *Liber variarum litterarum* seu copiarum ab abbatibus seu ad abbates Sanctæ Mariæ in Nemore vel Majoris Mussipontanæ vel ab aliis et ad alios scriptarum (11 sept. 1601 — 28 janvier 1649). 1 vol. in-folio, de 216 pages ; couverture en parchemin. — Cette correspondance se rapporte à la réforme des prémontrés, entreprise par Servais de Lairuels, abbé de Sainte-Marie de Pont-à-Mousson. Elle se compose de trois parties : 1° la correspondance de Servais de Lairuels (13 décembre 1620 — 28 mars 1628) au sujet des difficultés que lui suscitèrent plusieurs membres du chapitre général des prémontrés, à la suite de l'érection de sa Réforme en congrégation particulière (p. 1-44 et 171-192) ; 2° la correspondance de Servais de Lairuels avec les abbés du Mont-Sion de Strahovia à Prague, en Bohême, et la correspondance de ces derniers (11 septembre 1601 — 12 avril 1626) au sujet de la réforme de Servais, qu'ils introduisirent dans leur abbaye et dans d'autres monastères de Bohême, de Moravie, de Silésie, de Pologne et d'Allemagne (p. 45-170 et 193-199). [Ces abbés du Mont-Sion étaient Jean Lohel, qui devint archevêque de Prague en 1615 et continua à écrire à Lairuels, et Gaspar de Questemberg] ; 3° la correspondance sur des sujets divers (3 mai 1647 — 28 janvier 1649) de Pierre Thienville, abbé de Sainte-Marie de Pont-à-Mousson (p. 200-216). — Ces lettres sont les unes en latin, les autres en français. (Voir n° 167.)

167. *Mémoires pour le P. Raguet*, 1643. 1 in-folio d'environ 700 pages, relié en veau, avec les armes de l'abbé Hugo d'Étival sur les plats. — Le P. Simon Raguet, de Baccarat, était l'un des religieux prémontrés les plus attachés à la réforme de Servais de Lairuels (n° 166). Le 29 janvier 1643, il fut élu abbé de Prémontré et général de l'ordre. Cette élection n'aurait pas manqué d'avoir pour conséquence, l'introduction de la réforme dans un grand nombre de couvents qui ne l'avaient pas reçue. Aussi fut-elle attaquée par des religieux de ces couvents, devant le roi de France et à Rome. La cause de Raguet triomphait, lorsque l'avènement d'Innocent X changea la situation. Les adversaires de Raguet obtinrent de ce pape la permission de procéder à une nouvelle élection et portèrent, en 1645, leurs suffrages sur le P. Le Sellier. Louis XIV cassa cette élection ; mais, pour procurer la paix à son ordre, Raguet se désista en 1647. — Hugo, abbé d'Étival[1], a analysé les principales pièces de cette affaire dans ses *Annales ordinis præmonstratensis*, Nancy, 1734, t. I, p. 48-53. Ces pièces sont tout au long dans notre manuscrit jusqu'à l'élection du P. Le Sellier. — Le même volume contient en outre divers documents pour l'histoire générale de l'ordre des prémontrés, savoir : 1° une notice sur les monastères

---

1. L'abbé Hugo appelle le P. Raguet, *Pierre*. Notre manuscrit l'appelle constamment *Simon* Raguet.

de Souabe ; 2° une copie des actes qui accordent des privilèges à l'ordre ; 3° une histoire de l'origine des divers monastères de l'ordre, écrite en 1617 ; 4° une histoire des couvents de Westphalie et de l'Allemagne septentrionale jusqu'en 1717.

168. *Titres de l'abbaye d'Étival,* tome I ; 1 vol. in-folio de 734 p., relié en veau, et contenant la transcription des titres de l'abbaye d'Étival, de l'année 880 à l'année 1491. La copie paraît de la fin du XVIIᵉ siècle. L'écriture est très belle, mais la transcription est parfois fautive. Les pièces sont dans l'ordre de date ; avec deux suppléments, l'un à la page 371 pour les XIIIᵉ et XIVᵉ siècles, l'autre à la page 501 pour le XIVᵉ siècle. Plusieurs pièces sont indiquées, mais non transcrites. On a laissé en blanc la place pour les recevoir. La pagination semble de la main de l'abbé Hugo d'Étival. Une table a été commencée de la même main, mais s'arrête à la page 28. Un diplôme de 973 a été corrigé d'après l'original par le P. Desmoulins, prieur d'Étival. M. l'abbé Jérôme, qui a étudié ce cartulaire, y a mis quelques références marginales. Plusieurs pièces sont inédites.

169. *Histoire de l'abbaye de Saint-Pierre d'Étival,* sujette immédiatement au Saint-Siége, de l'ordre des chanoines réguliers prémontrés. In-folio de 183 pages. Ce volume est écrit de la main de Blanpain (n° 105). L'ordre chronologique n'est pas suivi ; l'ouvrage est sans aucune division et paraît inachevé. La dernière date rapportée dans le texte est 1710. L'abbé Hugo d'Étival a mis en marge trois additions, dont deux relatives à des changements accomplis en 1722 et en 1724.

170. Estimation des ouvrages de la reconstruction de l'église paroissiale de Saint-Michel, ban d'Étival, pour ce qui est à la charge de MM. les décimateurs, 27 janvier 1772. Cahier in-folio de 4 feuillets.

171. *Commemorationes capitulares Stivagiensis monasterii.* Petit in 4° couvert en parchemin, très usé. Il a été écrit successivement de plusieurs mains, dont la première paraît antérieure à 1638. Il est rédigé en latin. Il est disposé en forme de martyrologe et rappelle à chaque jour, la mémoire des principaux bienfaiteurs ou des principaux membres de la congrégation, en indiquant leur titre et l'année de leur mort. Les derniers personnages inscrits sont morts en 1709. Mention n'est pas faite de l'abbé Hugo, mort en 1739, sans doute parce qu'à cette date on se servait d'un exemplaire plus récent. A la fin du volume, sous le titre de *Summaria chronologia Stivagii,* on lit un résumé, en deux pages, de l'histoire de l'abbaye, et une liste des abbés qui s'arrête à 1682. Aux deux dernières pages, une règle

de Saint-Augustin est indiquée pour chaque jour de la semaine. Elle se lisait sans doute aussi publiquement.

172. Catalogue alphabétique de la bibliothèque de l'abbaye d'Étival, écrit de la main de Blanpain en 1737. 1 vol. in-folio sur papier, de 407 pages. Une dizaine d'ouvrages seulement ont été ajoutés postérieurement. Ils sont tous antérieurs à 1740. Ce catalogue mentionne 4 ou 5,000 ouvrages. Nous y remarquons un cartulaire manuscrit in-folio de l'abbaye de Gorze, qui n'est pas autrement décrit. C'est sans doute le même qui est aujourd'hui à la bibliothèque du Séminaire de Nancy (n° 163). Aucun de nos autres manuscrits n'est inscrit dans le catalogue de la bibliothèque de l'abbaye d'Étival

La bibliothèque municipale de Saint-Dié possède un autre catalogue de la bibliothèque d'Étival, en 2 volumes, rédigé par ordre de matières en 1739 (n° 71 du catalogue).

173. *Liste des médailles qui sont dans le médaillier de l'abbaye d'Étival.* 1 may 1732. 1 cahier cartonné in-8° carré, de 10 feuillets. Écrit de la main de l'abbé Hugo. Ne mentionne que des monnaies romaines. Les monnaies de Lorraine et de France sont représentées par des planches gravées, dues à M. de Saint-Urbain.

174. *Églises et monastères.* In-folio relié en veau, ayant appartenu à l'abbé Simon, curé de Saint-Epvre. Il contient 49 articles, la plupart annotés et quelques-uns transcrits en entier de la main de Dom Calmet. Parmi ces pièces se trouve le *Journal de Dom Bigot,* que j'ai déjà signalé (n° 97). Les autres pièces sont des mémoires ou des copies de documents qui se rapportent à l'histoire de monastères ou de chapitres situés pour la plupart en Lorraine. Voici l'indication des principaux, avec l'indication des dates de certains documents. Abbaye de Longeville près Saint-Avold (mémoire). Prieuré de Saint-Christophe à Metz (1380, 1384). Gorze (1220, 1273). Collégiale Saint-Georges de Nancy (1341). Abbaye de Beaulieu (1288). Beaupré (1175). Abbaye d'Andlau (1049). Clairlieu (1172, 1179). Prieuré de Varangéville (1321, nombreux mémoires au sujet de son union avec la Primatiale de Nancy). Collégiale Saint-Georges de Nancy (documents 1330, 1739 et histoire). Vergaville (histoire et liste des abbesses). Abbaye Saint-Pierre et Sainte-Marie de Metz (histoire et inventaire de titres). Chaumousey (histoire). Commanderie Saint-Antoine de Pont-à-Mousson (histoire). Abbaye de l'Étange (histoire de 1512 à 1585). Prieuré de Frouilliet et prieuré de Sainte-Marie-aux-Bois près de Bezange-la-Grande (fondation et union). Collégiale de Hattonchâteau (histoire). Saint-Epvre de Toul

(bulle de 1179, avec annotation de la main de Hugo d'Étival). Maurmunster (histoire). Abbaye de Poulangy (histoire et règles en 1630). Chapitre d'Épinal (constitution, costume, privilèges, solution de difficultés entre l'abbesse et les chanoinesses au sujet de l'observation de diverses règles). Abbaye de Lisle en Barrois (1731). Abbaye de Poussay (histoire jusqu'en 1715). Abbaye de Bouxières (liste et histoire des abbesses de 956 à 1685). Chastenois (1015, 1074, 1176). Liste des couvents des diocèses de Toul et de Verdun au xviiie siècle. — Copie d'une vie de saint Hydulphe adressée à D. Belhomme qui l'a imprimée, avec des observations de ce dernier et de Dom Calmet.

On a joint à ce volume : des notices incomplètes sur l'abbaye de Mouzon, sur les abbayes de Saint-Clément et de Saint-Symphorien de Metz, et sur les Dames de Saint-Pierre et de Sainte-Marie de la même ville de Metz. 6 cahiers in-4° dépareillés, qui ont été écrits au xviiie siècle de la main du bénédictin Placide Oudenot (nos 215 et 216).

175. Georges, *Histoire monastique de l'abbaye et du chapitre de Remiremont,* par Dom Charles Georges, religieux bénédictin de la congrégation de Sainte-Vanne et Saint-Hydulphe, prieur du Saint-Mont, écrite en 1687. Copie (55 pages) de Chatrian, dans le volume intitulé *Opuscules historiques* (n° 122). Le livre 3e, relatif au xviie siècle, manque.

La bibliothèque de la ville de Nancy (nos 575 et 581) et la Société d'archéologie lorraine (n° 142) possèdent des copies de l'histoire de D. C. Georges.

176. Beck, *Sur l'origine du monastère* (de femmes) *de Renting* (près Sarrebourg), ordre de Saint-Dominique, et sur les divers événements qui lui sont arrivés depuis son établissement (1474). Traduction française tirée avec exactitude des anciens papiers et titres que l'on conserve dans les archives de ce monastère, par F. Henry Beck, de l'ordre des frères prêcheurs, et directeur actuel du monastère de Renting, 1780. Cahier autographe in-4° de 18 feuillets. Sous le titre de *Continuation,* la même main a ajouté une page et trois lignes, pour relater des faits arrivés en 1780 et 1781.

177. *Guérisons attribuées à Notre-Dame de Sion* (église du couvent des capucins de Sion). Cinq feuilles in-folio, contenant chacune une déclaration. Trois déclarations (18 août 1609, 22 septembre 1634, 4 août 1650) sont autographes et signées. Deux autres (5 juin et 18 août 1609) sont des copies.

178. Liste alphabétique des établissements de la congrégation des sœurs

de Saint-Charles de Nancy, avec l'indication du nombre des sœurs et de l'économe de chaque établissement (vers 1850). Cahier in-4° cartonné. Il appartenait à l'abbé Marguet qui l'a complété (n° 231).

179. *Registre des fondations faites à l'église Saint-Julien de Nancy*, paraphé par M. Brion, vicaire général de Nancy, le 30 juin 1826. 1 registre in-4° cartonné. Il ne contient que deux fondations, faites le 1er juillet et le 1er janvier 1826.

180. État nominatif des établissements des sœurs de la Providence de Porcieux, dans le diocèse de Nancy (vers 1860). 1 feuille in-folio.

181. Projet d'un établissement à Nancy pour former de bons maîtres d'école, surtout à la campagne (vers 1850). Deux exemplaires de la main de l'auteur (inconnu), l'un plus développé de 13 pages in-4°, l'autre abrégé de 3 pages in-folio, avec 2 pages in-folio d'objections qui semblent avoir été faites à la préfecture, et 4 pages in-12 de réponses à ces objections.

182. *Procès-verbaux des visites canoniques des paroisses du doyenné du Saintois*, faites en 1687, en vertu de la commission de messieurs les vicaires généraux, par François de l'Espée, curé de Tantimont, doyen rural, et Jean African Verny, curé de Vézelise, échevin du doyenné du Saintois. 1 cahier in-folio sans couverture, de 125 feuillets. Le bas de la première page est déchiré, et la fin du manuscrit fait défaut. Le procès-verbal est signé du visiteur, pour chaque paroisse, et il répond en détail à un questionnaire en 80 articles. Ce questionnaire est relatif à l'église, à son titulaire, aux décimateurs, aux collateurs, aux revenus, aux confréries locales, aux chapelles, aux fondations, aux autels, au mobilier, au nombre des paroissiens, à la manière dont on assiste aux offices, au curé, à sa conduite, à la personne qui le sert, au maître d'école, à la sage-femme, au cimetière, aux écraignes ou ouvroirs, aux noëls qu'on chante, aux ivrognes, aux divorcés, aux religieux, etc. Ces renseignements remplissent deux à huit pages pour chaque paroisse. Les paroisses ou annexes visitées sont (dans l'orthographe du manuscrit) : Ormes, Diarville, Marrainviller, Ambacourt, Erbéviller, Griport, Roville, Laneuville, Loret, Xirocourt, Crantenois, Vaudeville, Vroncourt, Forcelles-Saint-Gorgon, Tantonville, Chaouilley, Sion, Saint-Fremin, Vaudémont, Gugney, Bouxainville, Boulaincourt, Fraisne, Fresnel-la-Grande, Courcelles, Puney, Grimonviller, Fécocourt, Dommarie, Thorey, Vandelainville, Puxe, Battigny, Benney, Neuviller, Crévéchamps, Germiny, Crépey, Selaincourt, Vitrey, Goviller, Fabvier, Sauxerotte, Houdreville, Parey-Saint-César, Hemmeville, Affracourt, Ha-

rouel, Gerbécourt, Voinémont, Lemainville, Ceintrey, Flavigny, Autrey, Pierreville, Puligny, Méréville, Acraigne, Xeuilley, Pont-Saint-Vincent, **Xexey**, Bainville, Maiziers, Martanont, Thelod, Hodelmont, Mesnil.

Ce manuscrit offre beaucoup d'intérêt et mériterait d'être publié.

183. (Mollevaut), *Notice de la paroisse Saint-Vincent et Saint-Fiacre,* faubourg et diocèse de Nancy, capitale de la Lorraine, depuis son origine jusqu'en l'année 1771, achevée le 4 janvier 1784 (par M. Mollevaut, curé de cette paroisse). In-4° de 233 pages. — *Histoire d'un procès entre les confréries de Saint-Vincent et de Saint-Fiacre,* érigées au faubourg des Trois-Maisons. (Il s'agissait de savoir laquelle des fêtes de ces deux saints prévaudrait ; la question fut tranchée par arrêt du Parlement du 24 janvier 1771). — *Remontrances du Parlement de Nancy au roi de France,* au sujet d'un édit (postérieur à 1771) portant augmentation des droits de ferme et régie. — Le tout en un volume in-4°, relié en veau, donné en 1890 à la bibliothèque du grand Séminaire, par M. l'abbé Barbier, curé actuel de Saint-Vincent-Saint-Fiacre.

Il existe aux archives de la paroisse Saint-Vincent-Saint-Fiacre, un autre exemplaire en 264 feuillets, de l'histoire de cette paroisse, par l'abbé Mollevaut. Voir Thiriet, *l'Abbé Gabriel Mollevaut,* Nancy, 1886, p. 30, et Lepage, *Mémoires de la Société d'archéologie lorraine,* 1881, p. 5.

184. Chatrian, *Anecdotes ecclésiastiques du diocèse de Nancy,* t. II-V (1601-1768). Le tome I manque. 4 volumes in-12, reliés en veau, de 384, 356, 368 et 390 pages. — Les anecdotes sont placées, d'abord année par année, puis, à fait qu'elles se multiplient, mois par mois et jour par jour. Le dernier volume qui va de 1760 à 1768, a déjà la forme de journal quotidien et de calendrier. C'est la préparation de la collection d'éphémérides que nous allons signaler.

185. Chatrian, *Journal ecclésiastique du diocèse de Toul,* par M. l'abbé C. (de 1764 à 1778, époque à laquelle l'auteur cessa d'appartenir au diocèse de Toul, pour appartenir à celui de Nancy). 25 volumes in-12, reliés en veau, d'environ 400 pages chacun. Le 21e, qui répond à l'année 1774, manque. Au début, l'auteur faisait un cahier par mois, et quatre ou cinq cahiers formaient un volume. Il y avait donc deux ou trois volumes par an. A la fin, la division par mois cesse, et l'auteur donne un volume par an. Chaque cahier ou volume renferme un certain nombre d'articles, semblables à ceux de nos revues mensuelles ou trimestrielles. Chaque volume finit par une table spéciale ; le volume 25 se termine par une table générale très détaillée. Voici les titres généraux de cette table, avec le nombre d'articles

pour chacun : *Écriture sainte* (40 articles); *Éloquence* (126 sermons pour tous les dimanches, les principales fêtes et diverses circonstances, dont quelques-uns par M<sup>gr</sup> Drouas et des personnages du temps ; 1° mandements et lettres circulaires de Toul ; 16 pièces diverses); *Religion* (18 articles); *Droit canon.* (21 articles); *Histoire* (18 articles sur l'histoire ecclésiastique du xviii° siècle ; 8 articles[1] d'anecdotes touloises depuis 1700 ; 12 articles formant un calendrier historico-ecclésiastique semblable à celui du ms. 191 ; 28 articles donnant la biographie d'un saint, choisi le plus souvent parmi les saints locaux ; 12 articles sur des problèmes historiques et sur M<sup>gr</sup> Bégon, évêque de Toul, le R. P. Pillerel, abbé de Domèvre, M. Lambert, curé de Buissoncourt[2], M. Marchal, curé de Ludres, M. Hautcolas, curé de Vadonville, et frère Seguin, reclus près Nancy ; 19 articles d'anecdotes ecclésiastiques) : *Morale* (46 conférences ; 72 cas de conscience qui s'appliquent à des cas réels expliqués avec le nom des ecclésiastiques en cause ; 35 dissertations, mandements et lettres ; 54 appréciations d'ouvrages) ; *Sujets particuliers* (21 articles); *Poésie* (115 poèmes, 21 paraphrases et traductions de psaumes ou de cantiques, 16 sonnets, 3 élégies, 2 idylles, 10 cantates, 14 cantiques, 2 acrostiches, 6 épîtres, 39 fables, 59 hymnes, 22 stances, 3 discours en vers, 11 épitaphes, 5 contes, 31 épigrammes, 21 quatrains, 10 inscriptions, 33 moralités, 52 pièces fugitives, 77 énigmes, 90 logogriphes, 39 poésies latines) ; *Articles bibliographiques* (500, sans parler de ceux des ouvrages moins importants).

186. Chatrian, *Journal ecclésiastique du diocèse de Nancy,* pour servir de suite à celui du diocèse de Toul, 1779 à 1810 ; 30 volumes in-12, presque tous reliés en veau. Un grand nombre de pages des derniers volumes sont perdues. Ce journal est en tout semblable au précédent. Voici (avec l'indication de l'année du volume, à la suite) les principaux articles qu'il renferme sur des personnages de la Lorraine ou des événements intéressants : La R. Mère supérieure des sœurs de Saint-Charles de Nancy, M. François Fisson du Montet, capitaine et prévôt du comté de Chaligny, M. Vauthier, curé de Saint-Laurent de Pont-à-Mousson, M<sup>lle</sup> Antoine de Vagney, maîtresse d'école à Lunéville (1779), — M<sup>me</sup> Errard, supérieure du monastère du Refuge de Nancy, M. de Cléry, grand doyen de la cathédrale de Toul (1781), — M. Labelle, curé de Saint-Martin d'Arc, en Barrois (1782). — Lettre de M. Drouot, curé de Gelacourt, doyen rural de Salm, à M<sup>gr</sup> de

1. Quatre articles étaient au 6<sup>e</sup>, quatre autres au 8° volume. Il reste les trois premiers articles du tome VI qui vont de 1700 à 1725. Le dernier article de ce tome et les quatre articles du tome VIII ont été arrachés des volumes. Voir la note du n° 187.

2. Cette notice sur M. Lambert a été publiée par la *Semaine religieuse de Lorraine,* année 1866-1867.

Fontanges, et réponse de ce dernier, au sujet des synodes (voir n° 142) (1783). — Lettre d'un curé français du diocèse de Nancy à un curé lorrain du même diocèse, touchant les actes de baptême, mariage et sépulture (1785). — Lettres au sujet des nouvelles rubriques et du nouveau catéchisme de Nancy (1786). — Lettre de M. Chatrian, au sujet de la première communion des enfants (1787). — Projet de doléances pour le clergé lorrain, dressé le 21 janvier 1789, en l'assemblée tenue à l'hôtel de ville de Nancy (n° 115). — Liste des députés du clergé aux États généraux et journal, avec anecdotes, des événements importants de cette assemblée, dont Chatrian faisait partie comme député suppléant du clergé du bailliage de Toul et où il siégea depuis le 7 juin 1790 jusqu'au 30 septembre 1791 (1789, 1790, t. I et II, et 1791, 1re et 2e parties reliées en un volume). — Journal de l'Assemblée législative (1792) — et de la Convention nationale, avec pièces et réflexions (1792 et 1794). — Tableau religieux et moral de Nancy. — Lettres d'un curé lorrain émigré sur Grégoire (1793 et 1794). — Réflexions sur l'Église de France. M. Moye, prêtre et missionnaire (1793). — Déclaration de Lamourette avant d'être guillotiné. Condamnation et mort de plusieurs prêtres, en particulier de M. Collet, curé de Voinémont, à Nancy, de MM. Rosselange et Mangin à Mirecourt, et de M. Hadol à Nancy (1794). — M. Galland, curé de Charmes (1795 et 1802). — M. Marquis, curé de Réchicourt, M. Duquesnois, né à Briey, mort curé de Vouxey en 1789. Ces deux derniers établissent des rosières dans leurs paroisses (1795). — [Le volume de 1796 ne contient que des offices et des ouvrages de piété en latin.] — Rétractations de divers évêques et prêtres jureurs (1797). — Conversation intéressante du P. Amé, capucin, missionnaire à Nancy, avec M. Pagnan, prêtre constitutionnel, en août (1797-1798). — Rétractation de Henri Poirsin, P. Timothée, domicilié à Saint-Maurice, diocèse de Verdun, le 20 juin 1797, mort à Cayenne, le 2 novembre 1798 (1799). — Trois écrits, dont l'un de l'abbé Jacquemin, contre la lettre pastorale publiée le 25 février 1800, par Nicolas, évêque de la Meurthe (1800). — Nicolas, évêque constitutionnel de la Meurthe, le P. Barlet de Nancy, ancien jésuite (1801). — Lettres de Mgr de la Fare, ancien évêque de Nancy, de M. Maudru, évêque constitutionnel des Vosges, de Grégoire (1802). — Compliment de François de Neufchâteau à Pie VII, le 30 novembre 1804. — Lettre de Napoléon à l'évêque de Nancy, le 12 frimaire an XIII. — Sur les processions de la Fête-Dieu à Nancy (1805). — La mère de Ligniville, dernière abbesse des religieuses clarisses de Bar-le-Duc; l'abbé de Manessy, ancien chanoine de Toul; le P. Plaid de Pont-à-Mousson, capucin, ancien provincial de Lorraine (1806). — Calendrier des impies, en la forme des manuscrits 79-80. M. de la Tour du Pin Montauban, ancien évêque de Nancy, archevêque-évêque de Troyes (1808).

— Le volume de 1810 contient une nécrologie ecclésiastique de 100 pages, dont la plupart des articles sont consacrés à des prêtres lorrains. — La *Semaine religieuse de Lorraine* a publié en 1867 et 1868 les notices de Chatrian sur M. Cléry, M. Moye et M. Galland.

187. Chatrian, *Anecdotes touloises* ou *Journal ecclésiastique toulois* (1771-. 1777). 7 volumes in-12 cartonnés, les 4 premiers sans pagination, les 3 derniers de 369, 370 et 369 pages. C'est un calendrier tenu jour par jour, avec une page pour chaque jour du mois. Les 365 jours de l'année fournissent la matière d'un volume qui, avec les titres et les préliminaires, remplit 370 pages. Chatrian écrit sur chaque page tous les événements qui se passent ou dont il apprend la nouvelle [1]. Naturellement il note surtout ce qui l'intéresse, c'est-à-dire, pour les années de cette collection, les nouvelles ecclésiastiques lorraines. Lorsqu'il composa le premier de nos volumes en 1771, il était chez son ami, l'abbé Galland, vicaire résidant à Ogéviller. Le 10 mai 1771, il devint secrétaire particulier de M$^{gr}$ Drouas, évêque de Toul. Après la mort de ce prélat, il fut nommé curé de Resson, en Barrois, où il demeura jusqu'en 1778. Nous allons le voir continuer ce journal dans d'autres collections qui prendront des titres divers, suivant les changements de la vie de l'auteur. — Les années 1771 et 1772 ont perdu un grand nombre de feuillets. Des numéros d'ordre inscrits sur le dos de nos volumes supposent que le volume de 1771 est le 3$^e$. Il en existait donc deux autres pour les années antérieures. Le second de ces volumes est à la Bibliothèque nationale de Paris (n° 4502 des nouvelles acquisitions françaises). Il est intitulé *Anecdotes touloises* (1 vol. in-12 de 275 pages) et va de 1754 à 1771). Il vient de M. le docteur Bégin de Metz [2].

188. Chatrian, *Anecdotes de Lorraine* ou *Journal ecclésiastique lorrain*, comprenant ce qui est arrivé de curieux et d'intéressant dans les trois diocèses de Toul, Nancy et Saint-Dié, 1778-1784. 7 volumes in-12 cartonnés

1. La *Revue ecclésiastique de Nancy et Saint-Dié*, novembre 1841 (p. 180-183), a publié de très courts extraits des *Anecdotes touloises* de 1777.

2. Je dois ce renseignement à mon confrère M. Mangenot, qui le tient lui-même de M. l'abbé Buisson. — Dans sa bibliographie des œuvres de Chatrian (*op. cit.*, p. 29), M. Thiriet mentionne (j'ignore sur quel fondement) 10 volumes in-12 d'*Anecdotes touloises* (1700 à 1777), qu'il considère comme distinctes du *Journal ecclésiastique toulois*, et qu'il regarde comme perdues. Ces deux ouvrages ne diffèrent pas l'un de l'autre : le titre d'*Anecdotes touloises* est sur le dos des volumes ; celui de *Journal ecclésiastique toulois* est en tête de la première page. Il existe donc encore huit de ces volumes : l'un à la Bibliothèque nationale de Paris, sept autres au Séminaire de Nancy. Peut-être même les deux autres volumes sont-ils les tomes VI et VIII du *Journal ecclésiastique de Toul* (n° 185), volumes dans lesquels se trouvaient des *Anecdotes touloises*, qui commencent précisément à 1700 comme nous l'avons remarqué à la note du n° 185.

et paginés (de 370 pages ou environ). C'est la continuation en la même forme de la collection précédente [1]. Le titre d'*Anecdotes touloises* s'est changé en celui d'*Anecdotes de Lorraine,* parce que l'ancien diocèse de Toul avait été démembré, pour former les diocèses de Nancy et de Saint-Dié. Chatrian appartenait au diocèse de Nancy ; car le 17 janvier 1778, il prit possession de la cure de Saint-Clément, dont il resta titulaire jusqu'au Concordat de 1802. C'est pourquoi il cessa en 1778 de donner le titre de touloises à ses anecdotes, comme il cessa d'appeler son journal, *Journal du diocèse de Toul* (n^os 185, 186).

189. Chatrian, *Calendrier historique et ecclésiastique du diocèse de Nancy* (1785-1791) ; 6 volumes in-12 cartonnés. Continuation du précédent en la même forme. Le 6 avril 1789, l'assemblée de réduction des deux bailliages de Toul et de Vic élut pour député aux États-Généraux, M. Bastien, curé de Xeuilley, et pour son suppléant, en cas d'empêchement, l'abbé Chatrian. L'abbé Bastien étant mort, Chatrian siégea à la Constituante depuis le 7 juin 1790. Les derniers de nos volumes se ressentent des préoccupations de l'époque et relatent ce que Chatrian voit et entend à Paris. Seulement le temps semble lui faire défaut. Les événements de juillet 1790 à juillet 1791 ne sont rapportés que mois par mois ; il n'y a qu'un volume pour ces deux années [2].

190. Chatrian, *Calendrier historico-ecclésiastique,* à l'usage d'un curé du diocèse de Nancy, émigré (1792-1802). 5 tomes en 4 volumes in-12 cartonnés, de 392 et 189, 376, 390 et 384 pages. Chatrian est émigré. Il réside dans le diocèse de Trèves de 1792 à 1794, puis à Vilz-Bibourg en Bavière de 1794 à 1802. Son journal prend des allures plus concises. Chaque page reçoit les faits de deux et parfois même de trois jours. Ce sont les prêtres émigrés, surtout les lorrains, qui l'occupent. Les nouvelles de France sont rares et parfois incertaines.

191. Chatrian, *Calendrier historico-ecclésiastique,* à l'usage d'un vieux prêtre du diocèse de Nancy (1803-1806), — à l'usage d'un ancien curé du diocèse de Nancy (1807-1812). 5 volumes in-12 reliés, de 396, 386, 382, 379 et 378 pages. Chatrian était rentré en France. Il termina ses jours à

1. *La Revue ecclésiastique de Nancy et Saint-Dié,* de novembre 1841 à avril 1842 a publié de très courts extraits des *Anecdotes de Lorraine* de 1778 et 1779 (p. 183, 184, 191, 192, 202-208, 221-223), sans en nommer l'auteur.

2. *La Semaine religieuse de Nancy* a publié, en 1864 et 1865, des extraits étendus des deux derniers volumes de ce *Calendrier historique,* sous le titre de *Journal inédit d'un curé du diocèse de Nancy, écrit pendant la Révolution.*

Lunéville (qu'il nomme Ellivenul), place Neuve, où habitait sa nièce, M^me de l'Épée. Il mourut le 24 août 1814. Son journal s'arrête au 31 décembre 1812. L'écriture des dernières années est plus lourde et les notes plus sobres. Cependant les renseignements qu'il fournit sont précieux pour l'histoire locale.

192. Chatrian, *Calendrier historique et ecclésiastique du diocèse de Nancy*, pour l'année bissextile 1784. 1 volume in-12 de 370 pages, relié en veau. C'est une compilation dans la forme de celle des manuscrits n^os 79-84 ; mais les faits rapportés jour par jour dans ces éphémérides, sont particuliers à des membres du clergé de Nancy.

193. Chatrian, *Ordinations* (de prêtrise) *du diocèse de Toul* (1751-1773) et *Notice alphabétique des vicaires du diocèse de Toul*, 1781. 1 cahier in-4^c de 76 pages.

193 *bis*. Chatrian, *Table alphabétique des vicaires du diocèse de Toul en 1776 ;* cahier in-4° de 46 pages.

194. Chatrian, *Ordinations* (de prêtrise) *de Toul* (1774-1789) ; cahier in-12 de 26 pages.

195. Chatrian, *Ordinations du diocèse de Saint-Dié* (1778-1790) ; 1 cahier in-12 de 10 pages.

196. Chatrian, *Notice des Retraites ecclésiastiques du diocèse de Toul* (1755-1778). — *Tableau chronologique des concours tenus dans le diocèse de Nancy*, 1779 et 1780. Cahier in-4° de 72 pages.

197. Chatrian, *Documents ecclésiastiques ;* in-4° relié en veau, sans pagination uniforme. — Correspondance intime ou administrative de M^gr Drouas et de son frère l'abbé Drouas (1766-1774), 34 pages. — Cures données au concours pendant l'épiscopat de M^gr Drouas, à Toul. — Pensions polonaises, fin de 1763. — Chronologie des secrétaires de l'évêché de Toul (1759-1773). — Ordinations du diocèse de Nancy (1778-1809). — Concours du diocèse de Nancy (1779-1790). — Liste des prêtres émigrés.

198. Chatrian, *Plan ou croquis d'une histoire du clergé du diocèse de Nancy pendant la Révolution*, par un curé de ce diocèse, émigré en Bavière, 1799. 1 volume in-4° cartonné, de 154 pages. S'arrête à août 1798. Con-

tient une liste des prêtres du diocèse de Nancy, emprisonnés ou déportés, et une autre liste des prêtres émigrés.

199. Chatrian, *Jésuites et moines en Lorraine*, 1780. 1 volume in-12 cartonné. Le volume s'ouvre par des catalogues imprimés des jésuites de la province de Champagne en 1760, 1761 et 1765. Ils sont suivis d'une liste manuscrite des jésuites vivant en Lorraine, après la suppression de l'ordre. Vient ensuite un manuscrit de 247 pages, contenant les catalogues des autres religieux vivant en Lorraine. Ce sont les chanoines réguliers en 1770 (p. 1), les capucins en 1770 (p. 49), les cordeliers en 1772 (p. 91), les tiercelins en 1779 (p. 133), les minimes en 1783 (p. 151), les carmes en 1784 (p. 165) et aussi les bénédictins de Lorraine, de Bourgogne et de Champagne en 1783 (p. 183), et les prémontrés de Lorraine et de France en 1785.

200. Chatrian, *La Lorraine monastique*. 1 volume in-12 relié en veau. 1° *Notice des différents ordres religieux* qui sont répandus dans les diocèses de Toul, Nancy, Metz, Verdun et Saint-Dié, 1786, contenant : les chanoines réguliers (p. 3), les bénédictins (p. 71), les carmes déchaux (p. 117), les cordeliers (p. 137), les capucins (p. 177), les hermites (p. 241-252). On indique l'état du personnel de chaque ordre. — 2° *Lettres de M. l'abbé Gorsin* (Grison) à un curé de ses amis sur les moines, 1784 (151 pages). — 3° *Anecdotes curieuses sur les moines* (environ 200 pages).

201. Chatrian, *Pouillés du diocèse de Toul* avant son démembrement en 1777, donnant l'état du personnel ecclésiastique, 5 volumes : — 1° Pouillé de 1770 (in-32 mutilé, non relié ; il ne reste que ce qui regarde les chapitres, les abbayes, les prieurés, les couvents d'hommes et de femmes et les collèges). — 2° Pouillé de 1772 (in-8° de 261 pages, relié en veau avec la table alphabétique (imprimée) de Durival). — 3° Pouillé de 1773, par ordre alphabétique des cures et vicariats, et de 1774, par ordre alphabétique des curés et vicaires (in-18 de 321 pages, relié en veau). — 4° Pouillé de 1780 pour le diocèse de Toul démembré (in-8° de 560 pages, relié en deux volumes).

202. Chatrian, *la Lorraine ecclésiastique*. 1 volume in-12 cartonné, de 336 pages. 1re partie, Diocèse de Toul; 2e partie, Diocèse de Nancy; 3° partie, Diocèse de Saint-Dié. Pouillé des trois diocèses formés du démembrement de celui de Toul, en 1777.

203. Chatrian, *Pouillé ecclésiastique du diocèse de Toul* en 1780. In-8°

de 560 pages, relié en 2 volumes. Les pages 1-374 et 543-560 qui donnent une notice des cures par ordre alphabétique, sont reliées en 1 volume en veau. Les pages 375-540 ont été arrachées du volume précédent et réunies en 1 volume cartonné. Elles contiennent un pouillé suivant la division hiérarchique, une liste des cures sujettes au concours, une liste des curés et une liste des couvents.

204. Chatrian, *Pouillés du diocèse de Nancy* avant le Concordat de 1802. 4 volumes : 1° *Pouillé ecclésiastique du diocèse de Nancy,* 1779 (vol. in-12 de 337 pages, relié en veau). — 2° *Notice alphabétique du diocèse de Nancy pour 1784,* suivi d'un pouillé abrégé et d'une notice abrégée du même diocèse (vol. in-12 de 401 pages, relié en veau). — 3° *Notice ecclésiastique* ou *Almanach* du diocèse de Nancy, 1788, extraite d'un autre ouvrage p. 321-405 (vol. in-12 cartonné). — 4° *Notice ecclésiastique du diocèse de Nancy,* 1797, avec des listes des diverses catégories de prêtres à cette époque (vol. in-12 de 140 pages, cartonné).

205. Chatrian, *Notice du diocèse de Metz,* 1798. Cahier in-4° de 112 pages.

206. Chatrian, *Département de la Meurthe* (au point de vue ecclésiastique). 1 volume in-8° de 129 pages, reliées à la suite de pièces imprimées, dont la première est le Concordat de 1802. Ce manuscrit montre la transformation ecclésiastique du département de la Meurthe, par suite de la division de la Lorraine en départements, à la fin de 1789, et de l'érection d'un nouveau diocèse de Nancy par le Concordat de 1802. Il contient trois parties : 1° Notice topographique, civile et ecclésiastique du département de la Meurthe ; 2° Diocèse du département de la Meurthe ou de Nancy avant la circonscription des paroisses et le remplacement des curés et vicaires non sermentaires, 1790 ; 3° Notice topographique, civile et ecclésiastique du département de la Meurthe, 1803.

207. Chatrian, *Pouillés du diocèse de Nancy,* comprenant, après le Concordat de 1802, les trois départements de la Meurthe, des Vosges et de la Meuse. 4 volumes : 1° *Notice ecclésiastique du diocèse de Nancy,* 1804, précédée d'une notice indiquant les cures vacantes, les cures occupées par des prêtres jureurs ou non jureurs, avant les nominations faites en exécution du Concordat (in-12 cartonné, extrait d'un autre volume, p. 169-302). — 2° *Notice ecclésiastique du diocèse de Nancy,* 1805 (in-4° de 418 pages, relié en veau). — 3° *Diocèse de Nancy,* 1809 (vol. in-12 de 106 pages, cartonné). — 4° *Catalogue alphabétique des curés, vicaires et succursaliers du diocèse de Nancy,* 1813 (vol. in-12 cartonné, de 48 pages).

208. Charlot. *Nécrologe ecclésiastique* (alphabétique) *du diocèse de Nancy* (fin du xvii<sup>e</sup> siècle, xviii<sup>e</sup> siècle et première moitiè du xix<sup>e</sup> siècle), par l'abbé Charlot, chanoine honoraire. Registre in-folio cartonné, d'environ 300 pages.

209. Charlot, *Necrologium sacerdotum diœcesis Nanceianæ,* ab anno 1803 ad annum 1842 ; in-12 cartonné. C'est un recueil des listes nécrologiques publiées chaque année dans l'*ordo* diocésain, avec des additions manuscrites de l'abbé Charlot.

210. Charlot, *Notices biographiques sur des prêtres lorrains du* xviii<sup>o</sup> *siècle.* 2 cahiers in-4<sup>o</sup> cartonnés, l'un plus petit de 375 pages, l'autre plus grand de 227 pages. Ces notices sont extraites, pour la plupart, de Chatrian. Un grand nombre sont inachevées. On en a ajouté quelques-unes sur des ecclésiastiques du xix<sup>e</sup> siècle, comme Rohrbacher, t. II, p. 225.

211. Charlot, *Notices biographiques* sur des prêtres lorrains du xviii<sup>e</sup> siècle et de la première moitié du xix<sup>e</sup> siècle. 2 cahiers in-4<sup>o</sup> cartonnés, d'environ 150 pages chacun.

212. *Fondations de la paroisse d'Haillainville* (1594-1693); 5 feuillets in-folio, à la fin d'un missel de Toul de 1507 qui a appartenu à cette paroisse.

213. *Registre des baptêmes de la paroisse de Parey-Saint-Césaire* (1602-1627); 12 feuillets in-8<sup>o</sup>, à la fin d'un rituel (intitulé *Les Manuels pour les paroisses*) de Toul, de 1525.

214. Copies manuscrites d'un grand nombre de pièces dans le recueil des mandements de Toul, Saint-Dié et Nancy.

### 6. *Pièces ayant un caractère privé.*

Je vais mentionner sous ce titre plusieurs pièces, en particulier des copies manuscrites fournies aux imprimeurs pour l'impression, des notes et des lettres, qui auraient pu prendre place dans les sections précédentes; mais les unes sont mêlées à des papiers personnels, les autres ont été adressées à des personnes particulières ou écrites dans un intérêt privé. C'est à ce titre qu'elles se trouvent ici :

215. *Lettres à Dom Matthieu Petitdidier,* successivement religieux et prieur

de l'abbaye de Saint-Mihiel (1676-1711), abbé de Saint-Léopold de Nancy
(1711-1715), enfin abbé de Senones (1715-1728) ; 3 volumes in-4°. Le premier, de 424 pages, est cartonné et possède une table analytique écrite en
1891, par l'abbé Demange Modeste, aujourd'hui chartreux. Les deux derniers, de même étendue, sont encore sans tables analytiques.

Ces lettres, ainsi que celles des deux articles suivants, nous ont été données
par M. Ferry, ancien supérieur du Séminaire de Nancy, qui les avait ache-
tées chez un bouquiniste. Elles ont été analysées, de même que celles à
D. Calmet et à D. Fangé, par M. l'abbé Guillaume, *Mémoires de la Société
d'archéologie lorraine*, 1873 et 1874 [1] ; mais cette analyse est incomplète.
L'auteur ne s'y préoccupe guère d'ailleurs que des questions d'intérêt local.

D. Petitdidier fut d'abord un janséniste très ardent. Il publia, en 1697,
une *Apologie des Provinciales de Pascal*. Il prit le parti du cardinal de
Noailles et des jansénistes qui refusaient d'accepter la bulle *Unigenitus*, portée
le 8 septembre 1713 par Clément XI, contre les *Réflexions morales* de Quesnel ; mais, vers 1719, il changea complètement de vues. Non seulement il
se soumit à la bulle *Unigenitus* ; mais il publia encore, en 1724, un traité en
faveur de l'infaillibilité du pape. Nos lettres sont de la période où le jansénisme avait encore toutes ses sympathies. Il se faisait raconter par ses
confrères en résidence à Paris, toutes les péripéties des luttes théologiques
qui s'y agitaient alors. Les autres événements du temps, comme la mort de
Louis XIV et les suites politiques de cette mort, ont aussi leur place dans
cette correspondance ; mais ils sont laissés au second plan. Les correspondants en quelque sorte réguliers et attitrés de Dom Petitdidier furent Dom
Calmet (87 lettres, du 28 octobre 1710 au 3 avril 1713), qui parle des
affaires de la congrégation et des nouvelles littéraires, autant que du jansénisme, Dom Henri Fauque (27 lettres, du 3 août 1711 au 22 août 1714),
Dom Placide Oudenot (35 lettres, du 24 mai 1714 au 25 octobre 1715),
Dom Laigneau (14 lettres, du 13 juin 1717 au 13 décembre 1719), Dom
Antoine Rivet (14 lettres, du 19 septembre 1718 au 28 octobre 1719). Il
faut ajouter D. Thierry de Viaixnes, qui n'était pas à Paris, mais au monastère de Beaulieu (5 mai 1716 au 1er avril 1718), puis à celui de Saint-
Vanne de Verdun (6 août 1718 au 1er août 1719). Ce dernier réunissait

---

1. On peut voir aussi sur le recueil des lettres bénédictines du Séminaire, Maggiolo,
*Éloge historique de Dom Calmet*, Nancy, 1839, note 4, p. 61, et *Mémoire sur la correspondance inédite de Dom Calmet*, Paris, 1863 ; ou Digot, *Notice sur Dom Augustin
Calmet*, dans les *Mémoires de la Société d'archéologie lorraine*, 1860, p. 125, 126. Ces
auteurs ne semblent pas avoir vu tous les volumes du recueil, et on pourrait conclure
de leur manière de parler que tous ne viennent pas de M. Ferry. Cependant M. Adrian
dit expressément dans son journal (n° 232, 12 juin 1858) que M. Ferry laisse au Séminaire 12 volumes de lettres écrites par Dom Calmet ou à lui adressées. Ces 12 volumes sont évidemment les mêmes que j'ai trouvés à notre bibliothèque et que je
mentionne ici sous les numéros 215-217.

de tous côtés des lettres sur les affaires du jansénisme et en envoyait des copies à D. Petitdidier, sous le titre *Nouvelles ecclésiastiques ou littéraires*. Les lettres personnelles de D. Thierry sont au nombre de 35 ; celles qu'il transcrit sont au nombre d'environ 4 ou 500. Le P. Quesnel y est désigné sous les noms de *M. Dupuis* et de *Dom Delpoz*. Dom Thierry dut s'exiler à cause de son attachement au jansénisme. Notre recueil contient de lui une dernière lettre, datée d'Amsterdam, 6 avril 1722, et adressée au chapitre général de l'ordre pour lui demander des secours.

Ce recueil contient encore quelques autres lettres écrites à D. Petitdidier. Signalons une copie d'une lettre du P. Quesnel (sans date), à qui Dom Petitdidier avait offert un refuge à Senones, et des lettres autographes de Mabillon (20 août 1691), de Dom François Lamy (17 février 1692), de Dom Hilarion Monnier (3 mai 1693) et d'Ellies du Pin (13 décembre 1692) au sujet des *Remarques sur la Bibliothèque ecclésiastique de M. Dupin*, publiées par Dom Petitdidier (3 vol. in-8°, 1691-1696).

216. *Lettres à Dom Calmet*, en résidence à l'abbaye des Blancs Manteaux à Paris (1706-1717), puis à l'abbaye de Moyenmoutier (1716-1718), abbé de Saint-Léopold de Nancy (1718-1728), enfin abbé de Senones (1729-1757). 8 volumes in-8° de 4 à 500 pages[1]. Comme les lettres à D. Petitdidier (n° 215), elles nous ont été données par M. Ferry et ont été analysées par l'abbé Guillaume. Elles étaient reliées ensemble, sans ordre apparent. En 1890, elles ont été rangées par ordre alphabétique des auteurs, et pour chaque auteur par dates. Ce sont presque toutes, des lettres écrites pour donner à Dom Calmet des renseignements ou pour lui faire des observations au sujet de ses ouvrages. Plusieurs de ses correspondants lui posent des questions. D. Calmet a souvent indiqué sa réponse en tête ou sur les pages blanches de nos lettres.

Je me contente d'indiquer les correspondants qui ont écrit des lettres plus nombreuses ou plus intéressantes à D. Calmet. Je ferai suivre leur nom de l'indication du lieu d'origine et de la date des lettres qui sont dans notre recueil. J'indiquerai le nombre de ces lettres entre parenthèses. J'y ajouterai parfois l'indication de ce qu'elles offrent de plus digne d'attention.

Abram, chanoine de Saint-Dié, 1748-1749 (3). De l'Aigle, vicaire général de Toul, 1729 (2). Alliot, médecin à Paris, 1716-1720 (11). Aloisio, secrétaire du cardinal Passionei, Rome et Vienne, 1725-1731 (4). D. Alvarez, bénédictin espagnol, Madrid, 1714 (1). Il prie D. Calmet de lui envoyer des renseignements pour une bibliothèque littéraire des bénédictins. Ces renseignements demandés à divers correspondants par Dom Calmet ont

---

1. La Bibliothèque de la ville de Nancy possède un autre volume de la correspondance de D. Calmet (n° 381).

fait l'objet de nos lettres. Ils n'ont pas été utilisés par D. Alvarez, dont le projet a été abandonné; mais Dom Calmet a utilisé lui-même une partie de ces renseignements, dans sa *Bibliothèque lorraine,* et en a communiqué d'autres à Cathelinot, à Pez ou à Ziegelbauer.— M^{gr} Bégon, évêque de Toul, 1728 (1). D. Humbert Belhomme, abbé de Moyenmoutier, 1710-1723 (45 lettres, acquisitions pour la bibliothèque de Moyenmoutier). Bellefoy, abbé de Saint-Mihiel, 1718-1747 (9). D. Berthelet, 1732-1751 (66 lettres : ses ouvrages). Blanpain, prémontré d'Étival, 1736-1748 (9 lettres : ouvrages de l'abbé Hugo). D. Brocq, bénédictin de Saint-Arnoul de Metz, 1745-1752 (22 lettres : antiquités de Metz, arches de Jouy). M^{gr} de Camilly, évêque de Toul, 1712-1718 (5). Caramelli, secrétaire du duc de Toscane, Florence, 1724-1740 (12 lettres en italien, 1 en latin). Dom Ildefonse Cathelinot, Saint-Epvre de Toul et Saint-Mihiel, 1710-1754 (59 lettres : nouvelles littéraires, édition des lettres et opuscules de Bossuet préparée par Cathelinot). Dom Remy Ceillier, Moyenmoutier, Flavigny, 1712-1759 (9). D. Chardon, Saint-Urbain et Saint-Airy de Verdun, 1741 (3). Dom Thierry Chevillard, Paris, 1718-1719 (5). P. Josaphat Comte ¹, gardien des tiercelins à Sion-lès-Vaudémont, 1746-1748 (7 lettres : antiquités de Sion). Corberon, premier président à Colmar, 1715-1751 (9). Coustelier, libraire à Paris, 1716-1719 (13). Dom Daclin, Besançon et Saint-Ferjeux, 1714-1741 (10). Dom Remy Desmonts, Nancy, Paris et Saint-Mihiel, 1740-1749 (3). Thiriet Doricourt, Nancy, 1743-1752 (10). Dom Augustin Dornblueth, Gengenbach, 1743-1757 (20 : traduit en allemand des ouvrages de D. Calmet). Dom Stanislas Duplessis, Commercy et Breuil, 1747-1757 (9). Dom Ursin Durand, Paris, sans date (2). Emery, libraire à Paris, 1728-1743 (14). Fontanini, archevêque d'Ancyre, Rome, 1728, 1729 (2). Dom Michel Foüan, Saint-Urbain et Saint-Vanne de Verdun, 1728-1748 (7). Dom François George, Munster et Saint-Mihiel, 1750-1756 (8). Gormand, médecin à Nancy, 1750-1753 (16 : médecins et auteurs lorrains). Dom Sébastien Guillemin, Munster, Saint-Mihiel, Paris et Toul, 1712-1755 (27). De Hontheim (Febronius), suffragant de Trèves, Trèves, 1747, 1749 (2). Hugo, abbé d'Étival, 1728-1729 (3). Dom Joseph de l'Isle, Lucerne, Altorf, Moyenmoutier, 1722-1756 (20). Dom Laigneau, Paris, 1716-1720 (80 lettres : nouvelles religieuses, politiques et littéraires). Lançon, avocat, Metz, 1751-1752 (8). P. Le Brun, de l'Oratoire, Paris, 1720 (2). Dom Le Chevallier, prieur de Saint-Maur, Paris, 1712-1716 (4). Dom Légipont, Cologne, 1740-1756 (9 lettres en latin, 3 en français). Le Moine, archiviste de l'Église de Toul, sans date (1). Cardinal Lercari, Rome, 1730 (1 en italien). Dom Lobineau, Paris, 1722 (2). Dom Colomban Luz, Elchingen, 1746-

---

1. Une de ces lettres de Josaphat Comte, du 6 janvier 1741, a été publiée par la *Semaine religieuse de Lorraine* en 1873, p. 518.

1757 (24). Mabillon, 6 juin 1703 (1 lettre : les chiffres arabes, encouragements à D. Calmet). Dom Maloet, Rome, 1728 (4). Dom Thomas Mangeart, Saint-Epvre de Toul, Remiremont, Vienne, Bruxelles, 1745-1755 (9). Mariette, successeur du libraire Emery, Paris, 1741-1743 (8). Marquet, doyen des médecins de Nancy, 1742 (1). Marquis, généalogiste des Dames de Remiremont, Remiremont, 1746-1755 (15). Dom Martène, Paris, 1731-1739 (41). D. Antoine Martin, Paris, 1742 (4). Dom Bernard de Montfaucon, Paris, 1716, 1738 (2). De Laloing de Montigny, 1744-1750 (13). Dom Sébastien Mourot, Bar et Toul, 1710-1729 (48 lettres : nouvelles religieuses et littéraires). Dom Pierre Musnier, Moyenmoutier et Saint-Avold, 1710-1747 (23 : nouvelles littéraires et locales). Nicolas, correspondant et homme d'affaires de Dom Calmet à Nancy, Nancy, 1744-1748 (46 : nouvelles, envois d'ouvrages et de pièces, affaires). Mˢʳ Passionei, nonce à Lucerne, Lucerne et Altorff, 1723-1730 (34 : science ecclésiastique et affaires). Dom Bernard Pez, Melk, 1716-1721 (5). Dom Léopold Poirel, Saint-Epvre de Toul, 1738-1755 (17 : antiquités locales). Dom Antoine Rivet, Le Mans, 1736 (2 : a reçu de D. Calmet des mémoires sur les écrivains de Lorraine). Roussel, avocat, Épinal, 1750-1751 (4 : archives et chapitre d'Épinal). Dom Ruinart, Saint-Germain-des-Prés, 1709 (1). Dom Pierre Sabatier, sans date (1 : ses recherches sur l'*italique*. Apostille de Montfaucon). Sauvage, chanoine de Verdun, Verdun, 1729-1730 (3 : manuscrits et histoire de Verdun). Schoepflin, Strasbourg, 1744-1757 (15 : questions d'érudition). P. du Sollier, bollandiste, Anvers, 1729 (1). D. Benoît Thiébault, Luxeuil, 1741-1754 (8). P. Thomas (de Charmes), capucin, Nancy, 1750 (3). Traize, curé de Saint-Avold, 1752 (1 : fouilles à Saint-Avold). Dom Ziegelbauer, Vienne, 1737-1738 (2 lettres en latin : demande des renseignements pour sa bibliothèque bénédictine).

147. *Lettres à Dom Fangé,* neveu de Dom Calmet, son coadjuteur, puis son successeur, comme abbé de Senones. 1 volume in-4°, d'environ 500 pages. Ce recueil était joint aux deux précédents. Il regarde encore Dom Calmet. Les lettres à D. Fangé se rapportent presque toutes soit aux ouvrages et aux affaires de Dom Calmet, soit à sa mort arrivée le 25 octobre 1757, soit à sa biographie publiée par son neveu en 1762. Indiquons parmi les correspondants de Dom Fangé : Dom Ceillier, Flavigny, 1757 et 1758 (2) ; Dom Chardon, Verdun, 1742 (2 lettres) ; Schoepflin, Strasbourg, 1749, 1750, 1755, 1761 (4 lettres) ; Dom Benoît Sinsart, Munster et Colmar, 1745-1762 (33 lettres).

217. *Papiers et correspondance de quelques bénédictins du xviii° siècle,* 1 volume in-4°. Ces papiers ont été extraits, pour la plupart, des recueils

de Senones dont je viens de parler. Ce sont : 1° des dissertations et des pamphlets contre la commende des monastères ou en faveur du jansénisme ; 2° des lettres diverses : 3 lettres à Dom Ambroise Pelletier, 1755-1756 ; 7 lettres à Dom Maximin Knoepfer, religieux de Senones, 1746-1754 ; 1 lettre du P. Lamy, de l'Oratoire, à Dom Le Breton ; 1 lettre de Dom Calmet à Dom Maillet, abbé de Saint-Mihiel, Paris, 29 avril 1711 ; 1 lettre de Dom Rivet, du Mans, 30 mai 1728 ; 1 lettre de Dom Fangé, 13 août 1761 ; 1 lettre de l'abbé Bergier, Paris, 12 juillet 1772.

218. *Papiers et correspondance de l'abbé Guilbert,* curé de Saint-Sébastien de Nancy avant la Révolution, mort chanoine de la cathédrale de Nancy en 1813. Recueil en 2 volumes in-4° cartonnés.

Le premier volume en 2 parties, de 508 et 150 pages, contient des sermons et des discours politiques de l'abbé Guilbert. — Le second volume se partage en 3 parties : 1ʳᵉ partie (312 feuillets), *Correspondance de Guilbert* en 1789, 1790 et 1791 avec Verdet, curé de Wintrange, député du clergé du bailliage de Sarreguemines à la Constituante, et aussi avec Grégoire et quelques autres personnes, sur les événements du temps. — 2ᵉ partie (48 pages), *Conduite des curés du bailliage de Nancy depuis le 8 juillet 1787 jusqu'à la députation aux États-Généraux.* — 3ᵉ partie (166 pages), Renseignements et lettres sur la conduite du clergé pendant la Révolution. — Nous devons ce précieux recueil à M. Alexandre Charlot, magistrat, qui le tenait de son oncle M. le chanoine Charlot.

M. l'abbé Jérôme, professeur au Séminaire de Nancy, se prépare à publier la correspondance de Guilbert avec Verdet et Grégoire, dans la collection de la *Société d'histoire contemporaine.*

219. *Papiers de l'abbé Latasse,* professeur au grand Séminaire de Nancy (1806-1811). Poème écrit de sa main et intitulé : *Conférence de saint François de Sales* et de sept missionnaires avec quatre calvinistes. 1 cahier in-4°, de 26 pages. Testament de l'abbé Latasse.

220. *Papiers et correspondance de l'abbé Baudot,* prieur d'Étival avant la Révolution, curé de Lagney depuis le Concordat, décédé au grand Séminaire de Nancy, le 15 octobre 1822. Lettre d'ordination aux ordres mineurs à Toul, 21 septembre 1765. Deux permis de voyager en Allemagne, Oberlirch, 3 mars 1793, et Baden, 18 juillet 1793. 4 lettres reçues en Allemagne, 1792-1794. Un dossier de 4 pièces au sujet d'un supplément de traitement que le maire de Lagney lui avait fait délivrer, 1811-1814.

221. *Papiers et correspondance de l'abbé Michel,* supérieur du grand Sé-

minaire de Nancy (1812-1825) et curé de la cathédrale de Nancy (1825-1842). Le manuscrit de son *Journal de la Déportation*, publié en 1796 ; un carton contenant une vingtaine de cahiers de notes et de sermons ; pièces concernant sa personne, le Séminaire ou la cathédrale ; 5 lettres ou copies de lettres écrites par lui (1795-1839) ; lettres à lui adressées par Mgr de Forbin Janson, évêque de Nancy, 9 juin 1835 ; M. Pardessus, Paris, 24 novembre 1841 et 3 juillet 1842 ; Mgr Jacquemin (4 lettres, 1817-1824) ; Mgr de la Fare, Sens, 1822 ; M. Munier, premier supérieur du Séminaire de Saint-Dié, 1824 ; M. Gridel, professeur au grand Séminaire de Nancy (sans date) ; le P. Combalot, 1837 ; M. Richard, supérieur du petit Séminaire de Pont-à-Mousson, 1842.

222. *Catalogue* (autographe) *des livres de l'abbé Michel par ordre de matières ;* 1 registre petit in-folio cartonné, d'environ 300 feuillets, terminé par une description des manuscrits. Annotations à l'encre rouge de M. l'abbé Marchal, qui a fait le triage de cette bibliothèque, lorsqu'elle a été transportée des bâtiments de la Maîtrise de la cathédrale au couvent des Dominicains. Lettres de M. de Saint-Beaussant et du P. Simonin, oblat et petit-neveu de l'abbé Michel, au sujet de cette bibliothèque.

223. *Correspondance de l'abbé Manvuisse,* professeur de dogme au grand Séminaire de Nancy, 1832-1836. Deux lettres de l'abbé Carrière, de Saint-Sulpice, au sujet de la légitimité du prêt à intérêt, 24 mai 1829, et du pouvoir des princes sur les empêchements de mariage, 21 mai 1834, deux questions très agitées à cette époque.

224. *Papiers et lettres de l'abbé Rohrbacher,* auteur de l'*Histoire universelle de l'Église catholique*. Liste de volumes (parmi lesquels les éditions Mansi de Baronius et de la collection des conciles) achetés pour la bibliothèque du grand Séminaire de Nancy, pour une somme de 4,500 fr. allouée à cet effet (1841). — 3 lettres de M. Rohrbacher (1836) à l'abbé Garo, le géologue (n° 227). Il l'invite à venir faire aux élèves du Séminaire une classe de fossiles et de minéralogie, à la place d'une de ses classes d'histoire. — Lettre de M. Rohrbacher (7 août 1842) à M. Michel, curé de la cathédrale (n° 221), au sujet d'un exemplaire des Bollandistes qui lui avait été prêté par ce dernier.

225. *Lettres de Mgr Delalle,* mort évêque de Rodez, en 1872 (n° 136). 6 lettres écrites de Paris (1829, 1830) sur son séjour en cette ville avec l'abbé Joseph Simonin, futur curé des Trois-Maisons à Nancy. Elles sont adressées au frère de ce dernier, l'abbé Marin Simonin. — 23 lettres (1856-

1871) à M<sup>lle</sup> Vanham, maîtresse de pension à Nancy. Ces dernières lettres ont été publiées dans la *Semaine religieuse* de Nancy, en 1874. — Une lettre de M. Delalle (1851) à l'abbé Garo se trouve dans les papiers de ce dernier (n° 227).

226. *Lettres des abbés Baillard.* Les trois frères Léopold, François et Quirin Baillard, tous trois prêtres du diocèse de Nancy, furent interdits à la fin de 1850, pour avoir adhéré à la secte de Michel Vintras. Le dossier de notre bibliothèque qui les regarde contient 11 lettres relatives à deux questions bien différentes : 1° 4 lettres écrites par eux au commencement de 1850, de Sion-Vaudémont, où ils résidaient, et de Luxembourg où ils cherchaient des sources. Ces quatres lettres sont écrites à l'abbé Garo de Blanzey, qui leur avait exposé les moyens de découvrir des sources (n° 227) et qui se plaignait de ce qu'ils n'observaient pas le traité passé avec lui à ce sujet ; 2° 7 autres lettres adressées à l'abbé Grand'Eury, curé de Saint-Sébastien de Nancy, en 1881 et 1883, au sujet de Quirin et de Léopold, qu'il réconcilia avec l'Église. Quatre de ces lettres sont de Quirin Baillard, qui était à l'hospice de Rosières-aux-Salines.

227. *Papiers et correspondance de l'abbé Garo,* géologue, successivement curé de Saint-Remy-aux-Bois (1820), Manoncourt-en-Vermois (1833), Sexey-aux-Forges (1842) et Blanzey (1851), dépendance de Bouxières-aux-Chênes. 1 carton in-folio et 4 liasses. M. Garo était géologue et s'appliquait avec succès à découvrir les sources et eaux souterraines. Une de nos liasses contient les éléments épars d'un traité d'hydroscopie, où il expose ses principes. Une autre liasse renferme sa correspondance et des traités avec des municipalités ou des propriétaires à qui il indiquait des sources. — Il établit en 1856, à Blanzey, une maison des sœurs de Dommartin-lès-Toul. Le dossier relatif à cet établissement contient une correspondance étendue avec l'abbé Daunot, fondateur de ces sœurs, ainsi que leur règlement. La maison-mère de cette congrégation a été depuis lors transférée à Nancy. C'est le monastère de la Sainte-Enfance, route du Montet.

228. *Papiers de l'abbé Simon,* mort curé de Saint-Epvre en 1865, parmi lesquels un diplôme de bachelier ès lettres, délivré, le 29 septembre 1809, sur le certificat des professeurs du Séminaire de Nancy (n° 154), conformément à la délibération du conseil de l'Université du 23 juin 1809, au sujet des formes à suivre pour donner le grade de bachelier aux jeunes gens destinés à l'état ecclésiastique, dans les arrondissements académiques, où il n'y avait point encore de Facultés des lettres.

229. *Papiers de Digot,* auteur de l'*Histoire de la Lorraine.* 1 carton in-

folio, contenant les manuscrits de 23 de ses articles ou brochures. Deux lettres (1841, 1842) de l'abbé Schin, curé à Strasbourg, sur le journal *l'Espérance* de Nancy et sur le départ de Strasbourg de l'abbé Bautain. Une autre lettre de Dom Pitra, Metz, 8 février 1847, sur les peintures de la salle capitulaire de Metz. Ces lettres ont été données à la bibliothèque du Séminaire par M. le chanoine Mouchette, en 1896.

230. *Lettres du vénérable Augustin Schœffler*, martyrisé au Tong-King, le 1er mai 1851. Elles ont été écrites du Séminaire de Nancy, 5 février et 3 juillet 1846, du Séminaire des Missions étrangères de Paris, 7 novembre 1846, et du Tong-King, 4 décembre 1850. On y a joint une lettre de M. Lap, 14 mai 1853, qui envoyait de Paris au Séminaire, des portraits de l'abbé Schœffler et un morceau d'étoffe teint de son sang.

231. *Papiers et correspondance de l'abbé Marguet*, supérieur du grand Séminaire (1845-1855), chanoine titulaire de Nancy (1855-1873) et supérieur des sœurs de la charité de Saint-Charles de Nancy. Deux custodes de notes diverses; des papiers personnels; deux exemplaires in-folio des anciennes règles de la congrégation de Saint-Charles; des lettres adressées ou transmises à M. Marguet. Ces lettres peuvent se partager en deux catégories : celles qui intéressent l'histoire de la congrégation de Saint-Charles; celles qui intéressent l'histoire des missions lointaines.

46 lettres sont relatives à des sœurs de Saint-Charles, établies à Ceylan, à Rome, Liège, Prague, Trèves, Coblence, Dantzig, Breslau et Berlin, etc. Quelques-unes ont pour auteurs des évêques ou des vicaires généraux. La plupart sont écrites par des supérieures de maison. C'est sur l'hospice Sainte-Hedvige de Berlin qu'elles donnent le plus de renseignements (18 lettres, 1847-1862). Je signalerai celle du 5 avril 1848, sur les blessés des émeutes qui eurent lieu alors dans la capitale de la Prusse; celle du 14 mai 1850, sur le prévôt baron de Ketteler, qui s'occupait avec zèle et succès de l'hôpital, et qui devint quelques semaines après évêque de Mayence; enfin les comptes de l'hospice Sainte-Hedwige et ceux d'un autre hospice de Berlin, celui de Béthanie, destinés à montrer la différence des deux hospices.

53 lettres viennent de missionnaires. Elles ont été écrites, presque toutes, de la Chine ou de l'Amérique du Nord, et sont fort étendues. Les correspondants les plus fidèles de M. Marguet sont : M. Jacquemin, missionnaire nancéien en Chine (19 lettres, Hong-Kong, 1851-1871); le P. Paillier, oblat nancéien, missionnaire dans l'Amérique du Nord (8 lettres, Marseille, Baie d'Hudson, Glocester, Buffalo, 1851-1854); Mgr Timon, évêque de Buffalo (11 lettres, 1850-1854); le P. Serge de Stchoulepnikoff, Russe converti au

catholicisme, qui fit ses études au grand Séminaire de Nancy, partit pour le diocèse de Buffalo en 1851 et entra dans l'ordre de Saint-Dominique en 1857 (5 lettres, Lancaster, Buffalo, Ohio, 1851-1857).

232. *Papiers et correspondance de l'abbé Adrian,* supérieur du grand Séminaire de Nancy (1855-1864), puis curé de Saint-Sébastien de Nancy (1864-1873). 1° Son journal quotidien (du 14 mai 1855 à janvier 1864), en huit cahiers numérotés et couverts en papier bleu. Ce journal porte divers titres. Les trois premières feuilles du premier cahier ont été arrachées. — 2° Mémoire sur Saint-Léopold, La Ronchère et le bâtiment Saint-Georges (vente et constructions faites par le Séminaire) : 11 feuillets in-4°. — Deux lettres à lui adressées de Rome (28 novembre et 6 décembre 1855) par M. Prévot, professeur au séminaire, qui traitait près de la Congrégation des rites la question du nouveau propre du diocèse de Nancy.

233. *Papiers et correspondance de l'abbé Guillaume* (1803-1883), auteur de l'*Histoire du diocèse de Toul* et de nombreuses brochures sur l'histoire locale. 4 cartons in-folio et 2 cartons in-4°, contenant les manuscrits de ses divers ouvrages, ainsi que plusieurs lettres et pièces qui s'y rapportent. Le dossier le plus intéressant est celui de l'*Histoire du culte de la sainte Vierge en Lorraine.* — Ces papiers ont été donnés au Séminaire par l'abbé Geoffroy, aujourd'hui curé de la cathédrale de Nancy.

234. *Papiers et correspondance de l'abbé Thiriet,* professeur au grand Séminaire de Nancy (1865-1870). 50 cahiers de manuscrits et notes diverses. Les unes se rapportent aux cours (histoire, droit canon et musique) dont il a été chargé: les autres, aux publications qu'il a faites ou préparées. Comme il travaillait surtout par correspondance, le manuscrit de chacune de ses brochures est complété par un grand nombre de lettres qui s'y rapportent.

235. Papiers divers et correspondance de MM. Claude Masson (1837), Ferry (1858), Bridey (1889), supérieurs ; Prévot (1868), professeur ; Nicolas Masson (1871), directeur ; Picard (1895), économe du grand Séminaire de Nancy ; de M. Elquin (1842), vicaire de Saint-Epvre de Nancy ; de M. Gomien (1873), aumônier de la Maison de secours, et de M. Burtin (1879), secrétaire général de l'évêché de Nancy.

Dans le coup d'œil que je viens de jeter sur la composition de la bibliothèque du grand Séminaire de Nancy, je me suis

borné à des indications sommaires, du moins en ce qui regarde
les ouvrages imprimés. On pourrait faire sur ce sujet d'autres études. On pourrait, par exemple, à l'aide des *ex libris* des
volumes, rechercher leur provenance primitive, et faire une
excursion à travers les bibliothèques où ils se trouvaient au
xviiᵉ et au xviiiᵉ siècle. Une observation frapperait tout d'abord celui qui entreprendrait ce travail. Au milieu des ouvrages anciens, qui nous sont venus par mille voies de toutes
les provinces de la France et de toutes les parties de l'Europe, on rencontre à chaque rayon, des livres qui portent
les *ex libris* des anciens couvents de Nancy et de Flavigny ou
des abbayes d'Étival, de Moyenmoutier et de Senones. La
présence des livres des anciens couvents du département de la
Meurthe s'explique facilement, puisqu'en 1792 ces livres ont
été réunis à Nancy, dans les dépôts où M. Michel a puisé pour
former notre bibliothèque. Mais comment expliquer que nous
possédions un si grand nombre d'ouvrages des couvents placés au nord de Saint-Dié, tandis que nous n'en avons presque aucun des couvents de la Meuse et de l'ancienne Moselle?
On ne saurait répondre à cette question que par des conjectures.

L'auteur de la notice placée en tête du catalogue imprimé
des manuscrits de la bibliothèque d'Épinal [1] dit qu'on n'a
point gardé toutes les pièces authentiques des opérations de
la translation des bibliothèques des Vosges. Nous savons cependant que, pour une bonne partie, les richesses des bibliothèques de Senones, de Moyenmoutier et d'Étival, furent vendues à vil prix. Les manuscrits de ces monastères avaient été
entassés dans une salle de l'ancien chapitre de Saint-Dié ; ils
furent mis en vente le 21 septembre 1826, et, avec les archives
du chapitre et celles du château du prince régnant de Salm-
Salm, ils produisirent la somme dérisoire de 744 fr. 05 c. [2].

---

1. *Catalogue général des manuscrits,* Paris, 1861, t. III.

2. Arthur Benoît, *l'Abbaye d'Étival,* dans le *Bulletin de la Société philomatique vosgienne,* Saint-Dié, 1885, p. 89; d'après Chantreau, *Notice pour servir à l'histoire du chapitre de Saint-Dié. Les archives du chapitre,* Nancy, 1877.

Les imprimés furent mis en vente de la même façon vers
1815. A cette époque, M. Jean-Baptiste Simonin, qui fut directeur, et M. Alexandre Hordal de Haldat, qui fut professeur
de l'École de médecine de Nancy, allèrent à Moyenmoutier
acheter des livres de la bibliothèque du couvent. Ils en rame-
nèrent une voiture, regrettant de ne pouvoir prendre le tout.
Voilà ce que M. Fernand Simonin[1], ancien magistrat, enten-
dit raconter souvent par son grand-père, M. Jean-Baptiste Simonin. A la mort de ce dernier, en 1871, une partie de ces
volumes fut offerte par sa famille à la bibliothèque de la ville
de Nancy.

J'ai cru devoir rapporter ici ce fait qui est peu connu. Il
laisse entrevoir comment l'abbé Ferry a pu trouver chez des
bouquinistes, le recueil de la correspondance de Dom Calmet,
et comment tant d'ouvrages des vieilles abbayes des Vosges
sont venus enrichir la bibliothèque du grand Séminaire de
Nancy.

1. M. Fernand Simonin a bien voulu me communiquer ces renseignements dans
une lettre du 13 juillet 1896.

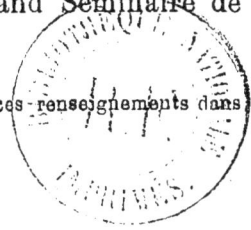

# TABLE

—

## CHAPITRE I<sup>er</sup>. — HISTOIRE DE LA BIBLIOTHÈQUE.

*Congrégation de la Mission.* — 59 et 60. Règle des supérieurs particuliers et circulaires envoyées (1660-1724) par le supérieur général.

61. François Canari, *De noticiis Regni corsici,* autographe inédit.

62-67. Compilations diverses. 68. Discours de réception à des docteurs en Sorbonne, fin du xvii° siècle. 69. Régiment de Vermandois, 1777. 70. Procès-verbal de l'assemblée du clergé de 1682. 71. Pièces sur les questions religieuses, 1789-1791. 72. Critique du catéchisme de l'empire français. 73. Concile national de 1811.

*Écrits ou copies de Chatrian.* — 73-78. Mémoires sur la Révolution, dans l'Église de France ; documents et opuscules historiques. 78-84. Calendriers avec anecdotes pour chaque jour fournies par les curés (78), par l'histoire générale (79), par les ecclésiastiques (80), les femmes (81), les moines (82), les jésuites (83), les bénédictins (84). 85-88. Compilations sur l'Allemagne et la Bavière. 89-92. Recueils de morceaux et d'anecdotes.

*Histoire générale de Lorraine.* — 93. Prétendu Wassebourg. 94. Daucy. 95. Les opérations des ducs de Lorraine. 96. Chronique de Richer. 97. Journal de Dom Bigot. 98. Origine et généalogie de la maison de Lorraine, par l'abbé Hugo.

*Histoire particulière des ducs de Lorraine.* — 99. Philippe de Gueldres, par le P. Rennel. 100, 101, 104-107. René Ier, Jean II, Antoine, Charles III, Henri II, Charles IV et Charles V, par l'abbé Hugo. 102. Le duc François, par du Boulay. 103. La médaille ou la vie de Charles IV, par Canon.

108 et 109. Lettres patentes et ordonnances des ducs. 110. Commentaires sur la coutume de Lorraine, par M. de Mahuet et par M. de Moulon. 111-114. Nobiliaires de Lorraine. 115-117. Assemblées préparatoires et élections aux États généraux de 1789, en Lorraine.

118. Exhumation des restes des princes de Lorraine. 119-122. Notices et opuscules historiques sur des personnages ou des institutions de la Lorraine, composés ou transcrits par Chatrian. 123. Temps et récoltes (1770-1814). 124. Usages et croyances de la Lorraine.

thèque et du médaillier. 174. Documents et histoire de divers
monastères de Lorraine. 175. Histoire de l'abbaye et du chapitre de Remiremont, par Dom Georges. 176. Histoire du
monastère des dominicaines de Renting, par le P. Beck.
177. Guérisons attribuées à N.-D. de Sion. 178 et 179. État
des sœurs de Saint-Charles de Nancy (1850) et fondations à
l'église Saint-Julien de Nancy (1826). 180. État des sœurs
de la Providence de Porcieux (1860). 181. Projet d'un établissement pour former des maîtres d'école (1850).

*Paroisses.* — 182. Procès-verbaux des visites canoniques des
paroisses du doyenné du Saintois (1687). 183. Notice de la
paroisse Saint-Vincent et Saint-Fiacre de Nancy, par l'abbé
Mollevaut.

*Manuscrits, par l'abbé Chatrian.* — 184. Anecdotes ecclésiastiques (1601-1768). 185 et 186. Journal ecclésiastique, en
forme de revue mensuelle ou annuelle, des questions ecclésiastiques (1764-1810). 187-192. Journal ou calendrier ecclésiastique, formé de nouvelles recueillies au jour le jour
(1771-1812). 193-197. Liste des ordinations de Toul, Saint-
Dié et Nancy (1751-1809), des vicaires du diocèse de Toul
(1776-1781), des secrétaires de l'évêché de Toul (1759-
1773), des retraites ecclésiastiques du diocèse de Toul (1755-
1778), des concours pour les cures des diocèses de Toul et
de Nancy. Pensions polonaises, 1763. Correspondance de
Mᵍʳ Drouas. 198. Croquis d'une histoire du clergé du diocèse
de Nancy, pendant la Révolution. 199 et 200. État des religieux en Lorraine (1760-1786). 201-207. Pouillés des diocèses lorrains.

208-211. Nécrologes des prêtres nancéiens et biographies des
prêtres lorrains, par l'abbé Charlot.

212. Fondations de la paroisse d'Haillainville (1594-1693).

213. Baptême de la paroisse Parey-Saint-Cézaire (1602-1627).

215-217. *Correspondance bénédictine :* Lettres à Dom Petitdidier (1691-1722), à Dom Calmet (1709-1757), à Dom Fangé
(1742-1762) et à d'autres bénédictins lorrains.

218. Papiers de l'abbé Guilbert et sa correspondance avec les
députés Verdet et Grégoire (1789-1791).

219-235. Papiers et correspondance des abbés Latasse, Michel
(catalogue de sa bibliothèque), Manvuisse, Rohbacher, De-

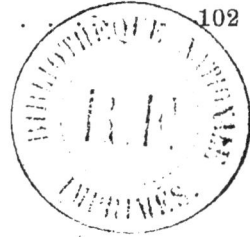

Nancy, impr. Berger-Levrault et Cie.

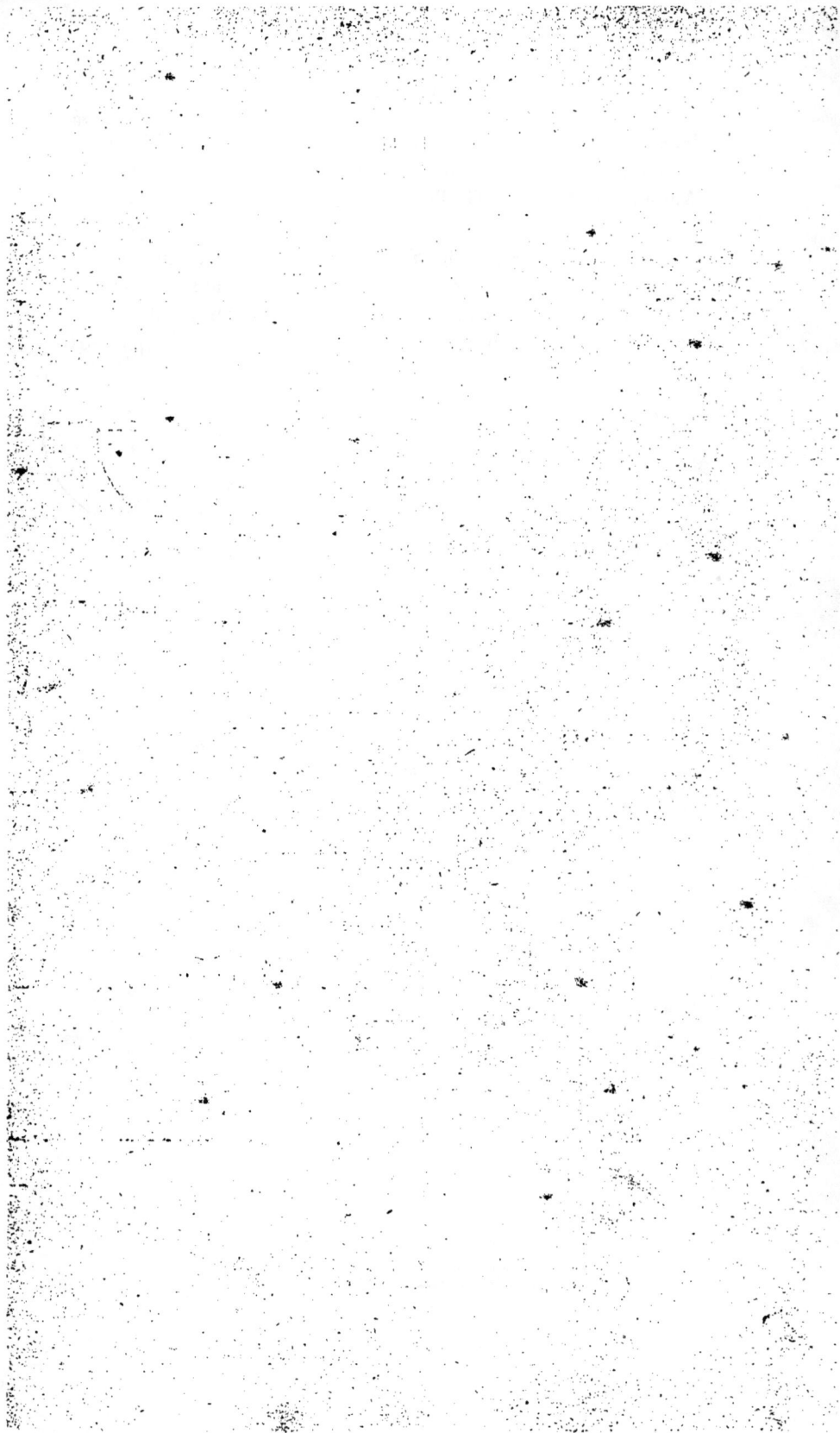

www.ingramcontent.com/pod-product-compliance
Lightning Source LLC
Chambersburg PA
CBHW071449200326
41519CB00019B/5684